U0312322

三农热点面对面丛书

农产品加工与食品安全风险防范

李延云 主 编

中国农业出版社

图书在版编目（CIP）数据

农产品加工与食品安全风险防范/李延云主编．——
北京：中国农业出版社，2012.1
（三农热点面对面丛书）
ISBN 978-7-109-16448-2

Ⅰ.①农… Ⅱ.①李… Ⅲ.①农产品加工-食品安全
Ⅳ.①S37②TS201.6

中国版本图书馆 CIP 数据核字（2011）第 273803 号

中国农业出版社出版
（北京市朝阳区农展馆北路 2 号）
（邮政编码 100125）
责任编辑　王玉英

中国农业出版社印刷厂印刷　　新华书店北京发行所发行
2012 年 1 月第 1 版　　2012 年 1 月北京第 1 次印刷

开本：850mm×1168mm　1/32　印张：5
字数：100 千字　　印数：1～6 000 册
定价：16.00 元
（凡本版图书出现印刷、装订错误，请向出版社发行部调换）

编写人员

主　编　李延云

副主编　周丹丹　李　健　高逢敬

参　编　聂宇燕　刘春和　赵　毅

　　　　杨　伟

出 版 说 明

"三农"问题是党和国家工作的重中之重，在不同时期表现出不同的热点难点。围绕这些热点难点，自 2004 年以来，党中央连续发布了 8 个"三农"问题的一号文件，不断推动"三农"工作。

当前"三农"热点难点问题主要有：如何推进农业现代化，如何加快新农村建设，如何统筹城乡发展，如何发展现代农业，如何加快农村基础设施建设和公共服务，如何拓宽农民增收渠道，如何完善农村发展的体制机制以及农民工转移就业、农村生态安全、农产品质量安全，等等。这些问题是一个复杂的社会问题，解决"三农"问题需要社会各界的共同努力。中国农业出版社积极响应党中央和农业部号召，围绕中心、服务大局，立足"三农"发展现实需求，围绕"三农"热点难点问题，坚持"三贴近"原则，面向基层农业行政、科技推广、乡村干部和广大农民，组织专家撰写了《三农热点面对面丛书》。

本丛书紧密联系我国农业、农村形势的新变

化，重点围绕发展现代农业和推进社会主义新农村建设，对当前农民和农村干部普遍关注的党的强农惠农政策、农业生产、乡村管理、农民增收和社会保障以及新技术应用等热点难点问题，采用专家与读者面对面交流的形式，理论联系实际，进行深入浅出的回答，观点准确、说理透彻，文字生动、事例鲜活，图文并茂、通俗易懂，具有较强的针对性和说服力。在运作方式上，根据理论联系实际的要求，针对"三农"问题的阶段性特点，分期分批组织实施。丛书突出科学性、针对性、实用性，力求用新技术、新观点、新形式，达到"贴近农业实际、贴近农村生活、贴近农民群众"的要求。

本丛书是广大基层干部、农民和农业院校师生学习和了解理论和形势政策的重要辅助材料，也是社会各界了解"三农"问题的重要窗口。希望本丛书的出版对推动"三农"工作的开展和"三农"问题的研究提供有力的智力支持，也希望广大读者提出好的意见和建议，以便我们更好地改进工作，服务"三农"。

2011 年 6 月

食品安全、危险和危害

民以食为天，食以安为先。

食品安全指食品无毒、无害，符合应当有的营养要求，对人体健康不造成任何急性、亚急性或者慢性危害。根据世界卫生组织的定义，食品安全是"食物中有毒、有害物质对人体健康影响的公共卫生问题"。食品安全也是一门专门探讨在食品加工、存储、销售等过程中确保食品卫生及食用安全，降低疾病隐患，防范食物中毒的一个跨学科领域。

随着我国经济的发展，食品作为一个巨大的利益链条，使得不法分子铤而走险，食品安全事件也屡禁不止，从"毒奶粉"到"地沟油"，从"瘦肉精"到"塑化剂"等。食品安全问题与人们的生活与身体状况息息相关。

食品安全已成为21世纪全球关注的重大问题。目前，我国虽已具备功能较为齐全的食品监管体系，食品安全涉及多部门、多层面、多环节，是一个复杂的系统工程。从当前来看，应尽快建立健全：食品安全法律体系；统一协调、权责明晰的监管体系；食品安全应急处理机制；完整统一的食品安全标准和检验检测体系；食品安全风险评估评价体系；食品安全信用体系；食品安全信息监测、通报、发布的网络体系；中介及研究单位的推动体系等八大体系，促进食品安全水平的全面提高。但食品安全的关键环节——食品加工业生产力水平却十分落后，难以适应形势的发展和市场的需求。

相对食品的危害和风险而言，食品安全是一个相对概念，即食品都有一定程度的危险，而且没有一种食品是绝对安全的，考虑的重点是危险的大小和怎样减小危险而又不会减少食品的来源，食品安全管理的目的是把危险减少到最低的合理程度，同时不会严重损害食品的供应。

与食品相关的危害主要包括生物学危害、与营养有关的疾病、痕量化学物质、直接的食品添加剂和食品常量组分、物理危害。

本书从食品添加剂、食品加工、食品贮藏及食品包装等生产流程方面阐述了与食品安全的影响。并通过介绍食品标准、食品安全控制体系及食品安

全风险防范的内容对食品生产提出了具体要求。本
书适合基层农业行政和科技推广人员、乡村干部和
广大农民阅读。

编者

2012 年 1 月

CONTENTS 目录

一、食品添加剂与食品安全

　　世界各国对食品添加剂的定义不尽相同，联合国粮农组织（FAO）和世界卫生组织（WHO）联合国际食品法典委员会对食品添加剂定义为：食品添加剂是有意识地一般以少量添加于食品，以改善食品的外观、风味和组织结构或贮存性质的非营养物质。按照这一定义，以增强食品营养成分为目的的食品强化剂不应该包括在食品添加剂范围内。

　　按照《中华人民共和国食品安全法》第九十九条，中国对食品添加剂定义为：食品添加剂，指为改善食品品质和色、香、味，以及为防腐、保鲜和加工工艺的需要而加入食品中的人工合成或者天然物质。

　　食品添加剂具有以下三个特征：一是为加入到食品中的物质，因此它一般不单独作为食品来食用；二是既包括人工合成的物质，也包括天然物质；三是加入到食品中的目的是为改善食品品质和色、香、味，以及为防腐、保鲜和加工工艺的需要。食品添加剂一般可以不是食物，也不一定有营养价值，但必须符合上述定义的概念，既不影响食品的营养价值，又具有防止食品腐败变质、增强食品感官性状或提高食品质量的作用。

一般来说，食品添加剂按其来源可分为天然的和化学合成的两大类：天然食品添加剂是指利用动植物或微生物的代谢产物等为原料，经提取所获得的天然物质；化学合成的食品添加剂是指采用化学手段，使元素或化合物通过氧化、还原、缩合、聚合、成盐等合成反应而得到的物质。目前使用的大多属于化学合成食品添加剂。

1. 食品添加剂有哪些作用？

食品添加剂大大促进了食品工业的发展，并被誉为现代食品工业的灵魂，这主要是它给食品工业带来许多好处，其主要作用大致如下：

（1）防止变质 例如，防腐剂可以防止由微生物引起的食品腐败变质，延长食品的保存期，同时还具有防止由微生物污染引起的食物中毒作用。又如，抗氧化剂则可阻止或推迟食品的氧化变质，以提供食品的稳定性和耐藏性，同时也可防止可能有害的油脂自动氧化物质的形成。此外，还可用来防止食品，特别是水果、蔬菜的酶促褐变与非酶褐变。这些对食品的保藏都具有一定的意义。

（2）改善食品的感官性状 食品的色、香、味、形态和质地等是衡量食品质量的重要指标。适当使用着色剂、护色剂、漂白剂、食用香料，以及乳化剂、增稠剂等食品添加剂，可以明显提高食品的感官质量，满足人们的不同需要。

（3）保持或提高食品的营养价值　在食品加工时适当地添加某些属于天然营养范围的食品营养强化剂，可以大大提高食品的营养价值，这对防止营养不良和营养缺乏、促进营养平衡、提高人们健康水平具有重要意义。

（4）增加食品的品种和方便性　现在市场上已拥有多达 20 000 种以上的食品可供消费者选择，尽管这些食品的生产大多通过一定包装及不同加工方法处理，但在生产工程中，一些色、香、味俱全的产品，大都不同程度地添加了着色、增香、调味，乃至其他食品添加剂。正是这些众多的食品，尤其是方便食品的供应，给人们的生活和工作带来了极大的方便。

（5）有利食品加工　在食品加工中使用消泡剂、助滤剂、稳定和凝固剂等，可有利于食品的加工操作。例如，当使用葡萄糖酸-δ-内酯作为豆腐凝固剂时，可有利于豆腐生产的机械化和自动化。

（6）满足其他特殊需要　食品应尽可能满足人们的不同需求。例如，糖尿病人不能吃糖，则可用无营养甜味剂或低热能甜味剂，如三氯蔗糖或天门冬酰苯丙氨酸甲酯制成无糖食品供应。

2. 添加剂是如何分类的？有哪些种类？

按用途，各国对食品添加剂的分类大同小异，差异主要是分类多少的不同。美国将食品添加剂分成十六大类，日本分成三十大类，我国的《食品添加剂使用卫生标准》将其分为二十二类：①防腐剂；②抗氧化剂；③发色剂；④漂白剂；⑤酸味剂；⑥凝固剂；⑦膨松剂；⑧增稠剂；⑨消泡剂；⑩甜味剂；⑪着色剂；⑫乳化剂；⑬品质改良剂；⑭抗结剂；⑮增味剂；⑯酶制剂；⑰被膜剂；⑱发泡剂；⑲保鲜剂；⑳香料；㉑营养强化剂；㉒其他添加剂。

防腐剂——用于食品保藏的化学防腐剂主要可以区分为有机的和无机的两大类，其中无机的抗菌剂主要包括：二氧化硫、过氧化氢、卤素、二氧化碳、硝酸盐和亚硝酸盐等；有机抗菌剂主要包括：酸、苯甲酸、脂肪酸、山梨酸、乙醇、乙二醇和挥发性物质及熏剂；此外，一些生物代谢产物具有杀菌或抑菌作用，主要包括：抗菌素、植物杀菌素等。

抗氧化剂——食品内部及其周围经常有氧存在着，即使采取充氮或真空包装措施，也难免仍有微量氧存在，处在空气中的食品在氧的氧化作用下就会出现严重变质的现象。食品中的主要成分为蛋白质、糖类和脂肪，含油脂肪和有的食品在空气中就会发生变化，与防腐剂类似，氧化剂可以延长食品的保质期。同时抗氧化剂主要常用的有维生素 C、异维生素 C、维生素 E 等。

着色剂——常用的合成色素有胭脂红、苋菜红、柠檬黄、靛蓝等。它可改变食品的外观，使其增强食欲。

增稠剂和稳定剂——可以改善或稳定冷饮食品的物理性状，使食品外观润滑细腻。它们使冰淇淋等冷冻食品长期保持柔软、疏松的组织结构。

膨松剂——部分糖果和巧克力中添加膨松剂，可促使糖体产生二氧化碳，从而起到膨松的作用。常用的膨松剂有碳酸氢钠、碳酸氢铵、复合膨松剂等。

甜味剂——常用的人工合成的甜味剂有糖精钠、甜蜜素等。目的是增加甜味感。

酸味剂——部分饮料、糖果等常采用酸味剂来调节和改善香味效果。常用柠檬酸、酒石酸、苹果酸、乳酸等。

增白剂——过氧化苯甲酰是面粉增白剂的主要成分。我国食品在面粉中允许添加最大剂量为0.06 克/千克。增白剂超标，会破坏面粉的营养，水解后产生的苯甲酸会对肝脏造成损害，过氧化苯甲酰在欧盟等发达国家已被禁止作为食品添加剂使用。

香料——香料有合成的，也有天然的，香型很多。消费者常吃的各种口味巧克力，生产过程中广泛使用各种香料，使其具有各种独特的风味。

知识点

食品添加剂 ≠ 违法添加物

事实上，除了真正的天然野生食物，所有经过人类加工的食品中，大概没有什么是不含添加成分的。如果没有食品添加剂，就不会有这么多种类繁多、琳琅满目的食品；没有食品添加剂，食物就不能被妥善的制作或保存。

时至今日，食品添加剂所带来的种种问题，大都是由于人为的不当、违规使用引起的。而食品添加剂和非法添加剂是两个不同的概念，所以"食品添加剂已经成为食品安全的最大威胁"的说法是不准确的。

中国和大多数国家一样，对食品添加剂都实行着严格的审批制度。目前，中国已批准使用的食品添加剂有1700多种，美国有2500余种。凡是已被批准使用的，其安全性绝对没问题。往往是一些非法添加物混淆着人们的视线，如曾经发生过的"苏丹红一号事件"、"吊白块事件"与"瘦肉精事件"等，都在社会上造成了很坏的影响。这些都是由国家严禁使用的非法添加物引起的，与正常的食品添加剂并不相关。

随着社会经济的发展，以及人们对食品口味要求的提高，商家为了追求更多的利益，不惜铤而走险，造成了很多食品安全问题，其中越来越多有害的，甚至有毒的被禁止的食品添加剂屡禁不止，从"苏丹红"到"三聚氰胺"，从"瘦肉精"到"染色馒头"等现象为食品添加剂蒙上了阴影，成为了人们谈"添"色变的状态。

公众谈食品添加剂色变，更多的原因是混淆了非法添加物和食品添加剂的概念，把一些非法添加物的罪名扣到食品添加剂的头上显然是不公平的。《国务院办公厅关于严厉打击食品非法添加行为切实加强食品添加剂监管的通知》中要求规范食品添加剂生产使用：严禁使用非食用物质生产复配食品添加剂，不得购入标识不规范、来源不明的食品添加剂，严肃查处超范围、超限量等滥用食品添加剂的行为，同时要求在2011年年底前制定并公布复配食品添加剂通用安全标准和食品添加剂标识标准。

为了广大人民的利益，用法律控制食品添加的使用非常必要，如果建立准许使用的食品添加剂一览表，就能有效地组织滥用新的食品添加剂，根据有关专家的一致意见认为，如果预先能建立禁用有害食品添加剂的一览表，就可以避免在食品中使用尚未充分研究的，可能有害的食品添加剂。

需要严厉打击的是食品中的违法添加行为，迫切需要规范的是食品添加剂的生产和使用问题。目前食品添加剂或多或少存在一些问题，比如来源不明，或者材料不正当，最容易产生的问题是滥用。

3. 如何理解食品添加剂的认识误区与添加剂安全标准？

人们往往认为天然的食品添加剂比人工化学合成的安全，实际许多天然产品的毒性因目前的检测手段，检测的内容所限，尚不能作出准确的判断，而且就已检测出的结果比较，天然食品添加剂并不比合成的毒性小。

在卫生部出台的《关于进一步规范保健食品原料管理的通知》中，以下天然的原料禁用：八角莲、土青木春、山莨菪、川乌、广防己、马桑叶、长春花、石蒜、朱砂、红豆杉、红茴香、洋地黄、蟾酥等 59 种。因此，绿色加工食品的生产中，生产厂在使用天然食品添加剂时一定要掌握合理的用量。天然食品添加剂的使用效果在许多方面不如人工化学合成添加剂，使用技术也需求很高的水平，所以在使用中要仔细研究，掌握天然食品添加剂的应用工艺条件，不得为达到某种效果而超标加入。虽然绿色食品的附加值较高，但仍然需要控制产品成本。因为天然添加剂的价格一般较高，这就要求绿色食品的生产厂家提高自身的研发能力，科学使用天然食品添加剂的复配技术可以减少添加剂使用量和更新产品，食品添加剂的复配可使各种添加剂之间产生增效的作用，在食品行业中称为"协同效应"，"协同"的结果已不是相加，大多数情况中可以产生"相乘"结果，可以显著减少食品中食品添加剂的使用量，降低成本。最近我国对于复配型食品添加剂的管理法规可能有重大调整，绿色食品的加工企业不妨相应的进行生产工艺技术的革新，使绿色食品添加剂的使用提高功效。

食品添加剂是食品工业中研发最活跃，发展、提高最快的内容之一，许多食品添加剂在纯度、使用功效方面提高很快，例如酶制剂，许多产品的活力、使用功效年年甚至每季度都有新的进展。所以绿色食品的加工企业应时刻注意食品添加剂行业发展的新动向，不断提高产品加工中食品添加剂的使用水平。

食品添加剂的安全使用是非常重要的。理想的食品添加剂最好是有益无害的物质。食品添加剂，特别是化学合成的食品添加剂大都有一定的毒性，所以使用时要严格控制使用量。食品添加剂的毒性是指其对机体造成损害的能力。毒性除与物质本身的化学结构和理化性质有关外，还与其有效浓度、作用时间、接触途径和部位、物质的相互作用与机体的机能状态等条件有关。因此，不论食品添加剂的毒性强弱、剂量大小，对人体均有一个剂量与效应关系的问题，即物质只有达到一定浓度或剂量水平，才显现毒害作用。

食品中使用的化学添加剂必须对人体无毒害，食品安全是首先必须考虑的重要问题，在尚未确定某种食品添加剂使用后对人体无毒害或尚未确定其使用条件以前，必选经过足够时间的动物生理、药理和生物化学实验，为确定食品添加的安全使用量提供合理的依据。还需要由有经验的科学家对使用量的确定作出判断，尔后才能对添加的使用给予最后的考虑。核准使用的添加剂应在改变使用条件下就进行观察，再根据新的认识做进一步改进。公认的不安全的食品添加剂经确实证明在某种食品中低于某种使用量并无毒害时，可以允许有控制地加以使用。要注意的是在不同食品中使用量的控制并不相同，用于某种食品时，食品添加剂允许使用量为100毫克/千克，用于另一种食品可能为25毫克/千克，而在第三种食品中则安全禁止使用。现在允许有控制使用的公认不安全食品添加剂达 2 600 种之多。

食品添加剂的使用量能够在能产生预期效果的基础上必须是最低量的，确定使用量极限时还必须将下列各因素考虑在内：

（1）应对加有添加剂的食品或是多种食品消费量作出充分的估计。

（2）对所有各类消费者健康的任何危害性降低到最低程度时，保证完全适宜的极限。

食品添加剂使用时应注意它的质量，除无毒害的食品添加或是在加工中食用前极易从食品中清除掉外，还应能达到下述三点要求：

（1）少量使用时就能达到防止腐败变质或改善品质的要求。

（2）不会引起食品发生不可逆性的化学变化，并且不至于会使食品出现异味，但允许改善风味。

（3）不会和生产设备及容器等发生化学变化。

食品生产者使用食品添加剂时还受到下列几点限制：

（1）不允许将食品添加剂用来掩盖因食品生产和贮运过程中采用错误的生产技术所产生的后果。

（2）不允许蒙骗消费者。

（3）不允许使用食品添加剂后导致食品内营养素的大量损耗。

（4）已建立在经济上切实可行的合理生产过程并能取得良好效果时，不应再添加食品添加剂。

控制食品添加剂使用的规定应取得法律保障才会有效，为了合理地控制食品中添加剂的使用。应建立一支经过严格训练的、有经验的食品分析检验员队伍，建立一批在分析检验手段齐全和现代化的化验室，并需要正确可靠的分析方法。

4. 食品添加剂中色素的危害有哪些？

为保证食品安全，进一步引导食品生产企业严格按照国家标准、卫生要求规范使用着色剂，食品监管部门应当对食品生产企业加大监管力度，严厉打击超范围、超量使用着色剂，以及不在标签中明示的隐瞒使用着色剂或者添加非食用工业染料等行为。

着色剂也叫食用色素，是使食品染色后改善其色泽、提高其价值的呈色物质，在食品工业中扮演着重要角色。

按照来源不同，食用色素一般分为天然色素和人工合成色素两大类。天然色素主要从植物组织中提取，也包括来自动物和微生物的一些色素，相对安全性较高，但染色力及稳定性较差。合成色素主要是指用人工化学合成方法制造的有机色素，包括相应的铝色淀。相比之下，合成色素色彩鲜艳、着色力强、稳定性好、价格便宜，在食品中被更广泛地应用。

要保证使用着色剂食品的安全，关键是要合理添加，并在标签上明示。

首先，食品生产企业要在国家许可范围和标准内使用色素。这是食品安全的基本保证。

应使用《食品添加剂使用卫生标准》（GB2760）及其增补版本中允许使用的品种。目前，被批准使用于食品的常见人工合成色素有亮蓝、苋菜红、胭脂红、柠檬黄、日落黄等。天然色素主要有红曲红、栀子黄、β-胡萝卜素等。GB2760—1996 批准使用的色素 50 余种；近年来，陆续有增补品种。前期曝光的苏丹红、铅铬绿等属于工业染料，并非食用色素。

应使用取得许可证的正规企业生产的和质量符合要求的色素产品。除卫生许可证外，对列入食品添加剂生产许可证名单的品种还应取得相应生产许可证方可进行生产和销售。目前，列入名单的着色剂有 33 种。应严格按照国家标准中的使用范围、使用限量在食品中添加着色剂。《食品添加剂使用卫生标准》（GB2760）明确规定，食品中添加食用色素的范围和用量。例如，柠檬黄及其铝色淀在冰淇淋中最大使用量是 0.02 克/千克，β-胡萝卜素可在各类食品中按照生产需要适量使用。婴幼儿食品、牛奶等食品中一般严禁使用色素。需要特别注意的是，《食品添加剂使用卫生标准》中还规定："同一色泽的色素如混合使用时，其用量不得超过单一色素允许量。固体饮料及高糖果汁或果味饮料色素加入量按该产品的稀释倍数加入。"

食品生产企业还应在产品标签上明示食品中添加的着色剂名称。国家标准《预包装食品标签通则》（GB7718—2004）对此有明文规定："甜味剂、防腐剂、着色剂应标示具体名称；其他食品添加剂可以按 GB2760 的规定标示具体名称或种类名称。当一种食品添加了两种或两种以上的着色剂，可以标示类别名称（着色剂），再在其后加括号，标示 GB/T12493 规定的代码。如某食品添加了姜黄、菊花黄浸膏、诱惑红、金樱子棕、玫瑰茄红，可以标示为：着色剂（102、113、012、131、125）"。

现在常用的食品色素包括两类：天然色素与人工合成色素。天然色素来自天然物，主要由植物组织中提取，也包括来自动物和微生物的一些色素。人工合成色素是指用人工化学合成方法所制得的有机色素，主要是以煤焦油中分离出来的苯胺染料为原料制成的。在很长的一段时间里，由于人们没有认识到合成色素的危害，并且合成色素与天然色素相比较，具有色泽鲜艳、着色力强、性质稳定和价格便宜等优点，许多国家在食品加工行业普遍使用合成色素。随着社会的发展和人们生活水平的提高，越来越多的人对于在食品中使用合成色素会不会对人体健康造成危害提出了疑问。与此同时，大量的研究报告指出，几乎所有的合成色素都不能为人体提供营养物质，某些合成色素甚至会危害人体健康。吃着精美点心、快餐盒饭、香喷喷的热狗时，瞟一眼印刷精美的包装食品上的营养成分表，你就会发现每种食品中都有添加剂成分。

5. 如何正确防范食品添加剂的危害？

（1）在超市买东西，务必养成翻过来看"背面"的习惯。尽量买含添加剂少的食品。

（2）买食品的时候，要尽量选择加工度低的食品。加工度越高，添加剂也就越多。请不要忘记，光线越强，影子也就越深。

（3）"知道"了以后再吃。希望大家在知道了食品中含有什么样的添加剂之后再吃。

（4）不要直奔便宜货——便宜是有原因的，在价格战的背后，有食品加工业者在暗中活动。

（5）具有"简单的怀疑"精神。"为什么这种明太鱼子的颜色这么漂亮？""为什么这种汉堡包会这么便宜？"具备了"简单的怀疑"精神，在挑选加工食品的时候，真相自然而然就会出现。

观点和声音

重点治乱与严格执法，为食品安全与食品添加剂保驾护航

离开食品添加剂，生活将没有色彩和味道

食品添加剂不能成为食品安全的替罪羊

深度阅读

《食品添加剂新品种管理办法》，（卫生部 73 号令）2010.03.30

GB 2760—2011 食品安全国家标准　食品添加剂使用标准

相关链接

持续深入地抓好打击食品非法添加行为专项整治工作
http//newsxinhuanetcom/politics/2011−09/26/c_122090771.htm

《关于严厉打击食品非法添加行为切实加强食品添加剂监管的通知》，2011.04.21

国家卫生部，http://www.moh.gov.cn/publicfiles//business/htmlfiles/wsb/index.htm

二、加工与食品安全

食品加工是指将原粮或农产品原料经过人为处理过程，形成一种新形式的可直接食用的产品。简单地说，食品加工就是把可以吃的东西通过某些程序，改造成更好吃、营养更丰富、对人体健康更有益的人类行为。这个过程将天然的食物（原料）加工成具有更高商业价值的商品，更容易让人们接受和喜爱。虽然这个过程并不直接生产食物，但它与我们的日常生活息息相关。读者可以思考，我们日常生活中食用的食品，无不经过加工处理，这些加工或简单、或复杂，或属于短期加工、或经过食品加工厂长时间的大规模生产。例如，超市买到的蔬菜，是经过农民采摘、清洗、分装、运输才进入我们的菜篮子，这其中的过程就包含食品加工；我们熟悉的方便面、薯片，都是经过农产品原料的各级加工、包装，生成产品，进入超市的。

既然食品加工过程中有人类行为参与，这个过程中就可能存在或大或小的安全隐患。随着我国经济的发展，食品加工也作为一个关系国计民生的支柱产业，其背后涉及巨大的利益链条，这也使得部分不法分子铤而走险，置法律与道德于不顾，导致

"毒奶粉"、"地沟油"、"瘦肉精"、"塑化剂"等严重危害人们身体健康的食品安全事件屡禁不止。可见，食品加工过程中涉及的食品安全问题与人们的生活、健康息息相关，了解食品加工过程对食品安全的影响，对我们日常生活中增强食品安全意识、鉴别安全食品、提高生活质量都大有裨益。

1. 食品加工各个环节与食品安全之间的关系怎样？

食品（原料）从进场以后，除去仓储、运输、装卸等环节以外，其他都属于加工环节，这些环节包括清洗、分割、调配、分选、加热、包装等。经过食品加工的各个环节，才能生产出我们在市场上购买到的食品。食品加工过程是个复杂的系统工程，这个工程中的每个操作都和食品安全紧密相关。为了了解食品加工环节对食品安全的影响，以下我们从食品加工的过程出发，分析食品加工环节对食品安全的影响。

（1）农产品原料　种植农业中农药残留问题对农产品品质安全影响很大。农药尤其是剧毒农药的施用所形成的农药残留是威胁农产品品质安全的重要因素，而这种威胁通过食品加工过程转移到食品安全领域。

农药残留的形成固然与农药本身的质量与特性等有关联，但与农户对农药残留的认知以及由此产生的施用行为存在直接的关系。农药残留的产生及其对农产品质量安全的影响，农药使用所引发的农产品安全、环境污染和人类健康等问题在世界范围内备受关注。进入 21 世纪以来，国内外学者围绕农药残留对农产品品质安全的影响展开了大量研究。农药喷施后大约 30% 附在农作物表面，其余 70% 则落入土壤、水源、大气中，通过对作物的直接污染，或通过食物链与生物富集效应累积等途径形成农药残留。农药残留虽然是农药施用后难以避免的产物，但其通过各种可能的途径危及农产品质量安全、人畜安全，并破坏生态环境等。虽然农药残留对农产品安全的影响程度因其类型不同而有所差异，但农药残留都会导致农产品营养失衡、感官质量等品质下降。

农作物原料在种植过程中使用的大量农药化肥，以及在家畜养殖过程中不合理的、过量的使用兽药都会在蔬菜、粮食、肉类农业产品原料中残留下来，这些化学物质的残留可能在加工过程中很难彻底清除，势必会对食品加工成品的食品安全造成威胁。农药化肥残留问题突出，这可能是由于农户对农药化肥残留的危害方面的知识了解不多，并未掌握农业种植和养殖中的农残限量标准，对农药化肥施用、兽药使用不够规范，造成过量、不合理地施用农药化肥，这也成为农药残留问题日益严重的根本原因。

（2）原料清洗、消毒与分筛　农产品原料加工的初道程序是原料清洗和分筛，这步程序可初步清除农产品原料（如蔬菜、瓜、果等）表面残留的农药等有害物质，但对富集在肉类、禽蛋、鱼类中的农药残留很难清除。因此，在我们日常生活中选择食品成品时，应尽量选择去除瓜、果表皮的农产品加工食品，肉类选择经过多重消毒处理后的产品，选择品牌好、信誉好的食品是保证食品安全的一条有效途径。

（3）加工车间与设备的消毒灭菌　食品加工过程中加工车间和设备的环境卫生状况也是影响食品安全的重要因素，应该特别加以重视。如果操作不当，很可能引起加工食品安全问题。为保证加工过程中加工车间和设备对加工食品的安全，一般加工企业主要从以下四个方面进行操作：

①加工车间（库）与加工设备的消毒灭菌。在食品加工厂，臭氧气体用于食品加工间、贮藏室与加工设备消毒是非常方便、有效的。传统的消毒方法是用甲醛等化学试剂熏蒸，众所周知，甲醛熏蒸的弊病较多。国外近期研究证明，在控制空气微生物方面，臭氧是甲醛和其他化学熏剂的替代物。通过化学雾化、紫外线与臭氧作消毒剂的对照试验，结论是臭氧既有效，又无残留，臭氧"大大抑制"了加工设备中大肠杆菌群小球菌和酵母菌的生长。

臭氧灭菌的方法是将臭氧发生器直接连接在中央空调新风口的外面，臭氧通过新风口的涡流风机输送到中央空调的风道中，然后被送入各洁净区。从使用臭氧进行灭菌的食品厂的检测报告可看到，菌检全部合格，完全替代了令人头痛的甲醛熏蒸消毒。同时，使非生产作业减少，能耗减少，取得了满意的效果。

②空间的消毒灭菌。速冻食品、冷饮食品肉、蛋、奶制品加工车间与包装车间利用臭氧消毒效果好。同时可去除异味污染。对于中央空调净化系统以外的洁净区，或需要灭菌的其他房间则需单独进行灭菌处理。方法是选用臭氧发生器，直接安装在该房间内。根据需要设定消毒时间，消毒结束便自动关机，所以使用非常方便。按房间空间体积的大小选型使用。只要满足臭氧浓度的要求，就可以达到消毒灭菌的目的。比用化学试剂对房间的熏蒸要省事得多，可完全代替化学熏蒸，缩短消毒时间，避免二次污染。

③物品的表面消毒灭菌。在食品生产过程中，常常要对原材料、工具器材、包装物、生产场所等进行物体表面消毒。传统的方法是用紫外线消毒，但消毒不彻底，存在消毒死角，衰减快，对于特定环境中的某些细菌无法杀死等种种弊端。《消毒技术规范》中介绍，对于浸没在臭氧体中的物体表面，接触一段时间，可将表面细菌杀死。

④食品设备、容器、工具、生产过程的消毒灭菌。在饮料、果汁等生产过程中，臭氧水可用于管路、生产设备及盛装容器的浸泡和冲洗，从而达到消毒灭菌的目的。采用这种浸泡、冲洗的操作方法的目

的：一是管路、设备及盛装容器表面上的细菌、病毒大量被冲淋掉；二是残留在表面上的未被冲走的细菌、病毒被臭氧杀死，非常简单、省事，而且在生产中不会产生死角，还完全避免了生产中使用化学消毒剂带来的化学毒害物质排放及残留等问题。另外，利用臭氧水对生产设备等的消毒灭菌技术结合膜分离工艺、无菌灌装系统等，在酿造工业中用于酱油、醋及酒类的生产，可提高产品的质量和档次。

在蔬菜加工中的应用，例如小包装蔬菜在传统的榨菜、萝卜、小黄瓜等食品加工中，很多企业为延长产品的保质期，往往采用包装后高温杀菌的工艺，这样不仅对产品的色泽、质地等带来了不利的影响，而且还消耗了大量的能源。利用臭氧水冷杀菌新技术可避免传统加工工艺对产品质量带来的不利影响，并且可提高产品质量，降低生产成本。

在水产制品加工中的应用，在冷冻水产品的冻前处理中，通过臭氧水喷淋杀菌对水产制品的卫生指标可以起到良好的控制作用。

在冷库中的应用主要有三个方面：一是杀灭微生物——消毒杀菌；二是使各种有臭味的无机物或有机物氧化——除臭；三是使新陈代谢产物氧化，从而抑制新陈代谢过程。

（4）加工技术与方法　根据原材料的不同，食品加工过程采取不同的技术与方法开展加工，不同的加工技术会对食品安全产生不同程度的影响。某些看似成熟、安全的加工技术和方法，加工产出的食品也能满足人们对于外观和口味需求，但其中可能存在很多不合理或不健康的成分，对人体健康、食品安全都存在潜在的危险。例如，腌制蔬菜是大家都很喜欢的一种小菜。尤其是秋、冬季节，许多家庭又开始腌制雪里红、大白菜、糖蒜等食品。专家提醒，腌制食品中有安全问题的主要是腌制蔬菜，尤其是短期腌制蔬菜也就是所谓的"暴腌菜"。这些腌制蔬菜中可能含有亚硝酸盐。亚硝酸盐来自于蔬菜中含量较高的硝酸盐，蔬菜吸收氮肥或土壤中的氮素，积累无毒的硝酸盐。在腌制过程中硝酸盐被一些细菌转变成有毒的亚硝酸盐，从而产生对人体健康的威胁。

目前，食品加工技术已从技术领域出发解决产生食品安全问题的根源，这其中最重要的是给出保障食品安全的具体技术措施和手段。这方面的技术不是通常的单项和某些技术，而是一种食品安全生产模式，即食品安全保障技术和设施的结合。例如，农业生产中常用的环境安全型温室、环境安全型畜禽舍和环境安全型菇房等农业设施已在食品安全技术和设施方面取得一定突破。环境安全型温室是以物理植保技术为核心设计的能够不使用农药就可有效预防植物病虫害的温室。环境安全型温室是生产无农药残留蔬菜、果品等植物产品的专用设施。环境安全型畜禽舍是以空气微生物空间电场自动防疫原理为依据而设计建造的能够实时防疫、大幅度减少抗生素使用量，确保养殖者经济利益、消费者健康的动物源食品安全的设施。环境安全型菇房是以食用菌空间电场促蕾防病理论和物理植保技术为设计依据而建造的不使用农药就能防治食用菌病虫害的环境控制类菇房。

（5）加工环境与加工参与者卫生状况 食品加工企业的环境卫生和食品加工参与者的卫生状况对食品安全性的影响是至关重要的。食品，因为其富含营养，特别适合微生物的繁殖生长，而自然环境中各种细菌、微生物随处可见，食品一旦受到污染，无法消除，各种细菌、微生物在适宜的环境中，繁殖迅速，可使食品很快变质，不适宜食用。各种致病菌，对人体产生影响，可导致人生病，更是防范的重点。有媒体报道，有家日本牛奶加工企业，因空调冷凝水滴入奶罐中，而造成大肠杆菌超标，引起食用者腹泻而受到媒体的关注，最终导致破产，可见，食品加工企业对环境卫生管理的重要性，同时也可见环境卫生对食品安全的重要性。

因此，食品加工企业在从事食品加工工作过程中，不能忽视加工环境和加工参与者的卫生状况，只有制定了详细和完善的安全加工生产措施，做好安全加工措施的有力实施，加强对加工企业员工的职业培训，提高加工参与者的安全卫生意识，保证加工参与者人员卫生和人员健康，才能最大限度地减小食品安全事故发生的可能性。例如，企业根据加工原料的特点和性质制定高效和完善的安全措施，保证与食品有直接接触的人员手部保持清洁，若以双手直接处理不再经过加热即行使用的食品时，应穿戴清洁并经消毒的不透水手套；必要时需戴口罩和工作衣帽上岗；新进厂的员工应先经卫生医疗机构检查身体合格后才能录用工作，其检查项目应符合食品卫生规定；员工如患有可能造成食品污染的疾病者，不得从事与加工食品接触的工作。

2. 常用食品加工方法对食品安全的影响如何？

食品加工方法对食品安全的影响不容忽视。目前，常用的食品加工方法主要包括腌渍、烟熏、发酵加工、膨化加工等。这些食品加工方法和技术对农产品原料都存在影响，接下来，我们将就主要的食品加工技术对食品安全的影响进行总结。

（1）腌渍食品　食品腌渍技术是食品保藏的一种方法，也是常用的一种食品加工方法，其目的是为了防止食品腐败变质，延长食品的食用期，特别是当今食品极其丰富，食品流通迅速而广泛，食品的保鲜问题更显得重要。腌渍食品的方法是一种很古老的保藏食品的方法，在民间比较普及，不同地区，不同民族都有食用腌渍食品的习惯。腌渍食品不仅有特殊的风味，有的还有刺激食欲、帮助消化、去油腻的功效，有些地区无论家庭餐桌上，还是豪华的酒楼必有各色腌渍小食品点缀。

腌渍食品不仅可以打破食用的季节限制，也让人们能享用到食品丰富多彩的风味，使生活过得有滋有味。但是，腌渍食品也带来与健康有关的不少问题，特别是与糖尿病人的治疗和康复，应引起重视。

腌渍技术主要包括盐渍和糖渍两种方法。首先，盐对血压的影响人们早已认识，高血压是糖尿病最常见的并发症，血压升高的幅度与盐吃得多少有直接关系。盐可改变血压变化的规律，长期食用高盐食物，最容易发生夜间的脑血管意外。盐可提高食欲，可刺激脂肪的合成，增加降血脂治疗的难度，特别是 50 岁以上的人，对盐的敏感度增强。糖尿病人不宜食用盐腌渍食品。中国营养学会推荐每天摄入 6 克食盐（包括酱油、腌渍食品）是安全的；其次，糖渍食品含蔗糖极高，如苹果脯 100 克提供能量 1 411 千焦，含糖 84.9克；100 克苹果提供能量 218 千焦，含糖 13 克；100 克南瓜脯提供能量 1 407 千焦，含糖 83.3 克；鲜南瓜提供能量 92 千焦，含糖 5.3 克。因此，糖腌渍食品不适宜糖尿病人，正常人食用时也应适量。

（2）烟熏食品 烟熏食品的制作方法主要有冷

熏法、热熏法和液熏法，这种食品加工方法制作的食品为大众所喜爱。例如，江南的传统菜肴烟熏鱼就是其中之一，其制作工艺主要有原料选择→预处理→腌制→油炸→熏制等步骤。烟熏鱼是传统的鱼保鲜的一种方法。烟熏食品的主要优点体现在两个方面：一是可以防止食物腐败变质，是人们传统的一种食物保鲜和储存方法，其主要原料主要为肉类和鱼；二是通过烟熏制作的食品，其风味独特，根据其原料、配料和贮存加工的方式方法不同，可以制作品种多样和风味迥异的加工成品，丰富人们的饮食生活，深受大家的喜爱。然而，随着科学研究的进一步深入，有专家学者指出烟熏食品对人体健康威胁很大，主要原因是其"致癌"作用明显，这一研究结果使人们对烟熏食品的选择倍加谨慎。其实，最新的研究成果显示，长期食用烟熏食品对身体健康有一定的反作用，如果对烟熏食品进行进一步洗净，配合合理的储存方法，防止其变质败坏，偶尔食用一次也是可以接受的，但注意一定不能长期连续食用，这样对人体健康危害比较严重。

（3）发酵加工　发酵是指人们利用微生物在有氧或无氧条件下的生命活动来制备微生物菌体或其代谢产物的过程。发酵加工是目前常用的一种食品贮藏和加工的技术方法。例如，我们平时食用的白酒、葡萄酒、酸奶、腐乳、泡菜等均是经过发酵过程生产而来。

虽然发酵加工技术为我们日常生活带来了味道多样、品种丰富的食品，但我们也应了解到发酵加工过程可能带来的 B 族维生素的破坏；此外，部分发酵食品中含有过量的盐分，高血压与心脏病患者不宜多食，而对酒类食品过敏的人也不宜使用酒类发酵食品和饮品。

（4）膨化加工　膨化食品在我们日常食用的零食中非常多见，如薯片、锅巴等，膨化加工食品以含水分较少的谷类、薯类、豆类等作为主要原料，它们经过加压、加热处理后使原料本身的体积膨胀，内部的组织结构亦发生了变化，经加工、成型后而制成。由于这类食品的组织结构多孔蓬松，口感香脆、酥甜，具有一定的营养价值，易招孩子们的喜爱。

然而，膨化食品中的铝残留量可致儿童的发育迟缓，铝并非人体需要的微量元素，但食品中含有的铝超过一定标准就会对人体造成危害。日常食品中铝元素的来源，一部分来自食品中膨松剂之类的添加剂（如明矾和碳酸氢钠），一部分是从包装材料里溶出，而在一些添加明矾的食品里也会产生铝。专家指出，人体摄入铝后仅有 10%～15% 能排泄到体外，大部分会在体内蓄积，与多种蛋白质、酶等人体重要成分结合，影响体内多种生化反应，长期摄入主要会损害大脑功能，严重者可能发生痴呆，尤其对身体抵抗力较弱的儿童影响更大，可导致儿童发育迟缓、骨软化症等，智力上也会受到一定的影响。此外，膨化食品中的铅蓄积易损害儿童的神经系统，其中的糖精钠也可能降低儿童的小肠吸收能力，而人工色素可能影响儿童的智力发育。虽然膨化食品的危害并不能单纯的归结为膨化加工技术，但在制作和生产膨化食品过程中不可避免的添加的食品添加剂对人体，尤其是喜欢食用膨化食品的孩子来说，危害极大。

知识点

（1）辐射加工工艺　辐射加工工艺学的形成虽仅20余年的历史，但在过去的10年中其工业化规模、扩展的领域都有较大发展。辐射加工工艺学是研究和开发利用电离辐射有效地实现某一物理、化学或生物学过程的新学科。到目前为止，它所涉及的主要领域有利用辐射引发交联、聚合和接枝，以得到优质化工产品，新材料或具有某种特性的改性材料。利用辐射生物效应对医疗器械用品消毒、中草药灭菌和辐射育种提高农作物产量，对食品辐照以利于储存保鲜，提高食品质量。利用电离辐射引起的某些化学过程对工业"三废"进行处理等。由此可知，辐射加工工艺是一门涉及高分子、生物学、食品学、化学、辐射剂量学等多学科领域的科学。为达到上述目的需要进行与之有关的辐射化学及辐射生物学的研究，辐照设备的设计与生产及辐射加工工艺的研究，其中辐射工艺研究在我国尤为薄弱。加强应用基础研究是保证辐射加工工艺在我国高效、迅速、稳定发展的前提条件。

（2）"瘦肉精"的前世今生　近日，"瘦肉精"这个词汇再次进入了公众的视线。这种屡禁不止的添加剂，引起了大家对肉类食品安全的广泛担忧。"瘦肉精"究竟是何方神圣，又究竟会对人体造成怎样的危害呢？

"瘦肉精"指的是一类可以增加牲畜瘦肉量的物质，它们通过促进蛋白质的合成来提高瘦肉率。国内使用的"瘦肉精"大多是盐酸克仑特罗，这种物质原本是一种平喘药，它可以激动 $\beta-2$ 型的肾上腺素受体，从而舒张支气管，因此被作为治疗哮喘的应急药物。这种物质毒性不算太强，常规剂量下至少没什么生命危险，同时疗效也很好，只需要几十微克就能缓解症状。不过，它也有很多副作用，包括肌肉震颤、电解质紊乱、恶心呕吐、头痛、心悸等，长时间使用时副作用更为明显。不只如此，由于它会增加心脏负担，对于本身心脏基础状况不好的人而言，还可能诱发或加重心脏疾病。这些副作用并不是克仑特罗的专利，其他同类的药物，比如沙丁胺醇，在口服使用时也或多或少存在类似的问题。

由于这类药物口服的副作用较多，现在它们已经逐渐被安全系数高得多的吸入制剂取代，作为口服药的克仑特罗也逐渐淡出了哮喘治疗的舞台。但在另一方面，人们又发现它能促进蛋白质合成，增加猪的瘦肉率。饲喂了克仑特罗的猪更"健美"，成长得也快，这对商家而言无疑是个好消息，因此它被广泛地作为饲料添加剂使用。

克仑特罗使得猪肉生产获得了速度与质量的双丰收，但安全性问题也随之而来。肉猪服用克仑特罗的时间比治疗哮喘发作的用药时间长得多，剂量也更大，而它在动物体内的清除又比较慢（体内的克仑特罗清除一般需要30

多个小时），这就造成屠宰时仍有相当大量的克仑特罗残留在猪的体内。克仑特罗比较稳定，即使经过烹调，仍有很大一部分残留，因此吃了这样的肉就可能引发上述的一系列药物副作用，甚至造成过量中毒。如此的中毒事件已经多次发生，例如 2006 年发生在上海的"瘦肉精"中毒事件，影响了上海市 9 个区，共造成 300 余人克仑特罗中毒。因此，包括美国、欧盟国家、中国在内的大多数国家都已对饲料添加克仑特罗亮了红灯。

除克仑特罗以外，还有其他一些物质可以作"瘦肉精"使用，例如在美国等一些国家可以合法添加的莱克多巴胺。莱克多巴胺和克仑特罗的作用原理类似，但不容易在动物体内蓄积，毒性也更小。目前科学研究认为，只要最终肉类制品中的莱克多巴胺含量低于一定标准，就可以放心使用。不过，仍有很多国家（包括中国和欧盟国家）对这种较安全的"瘦肉精"也加以禁止。

其实，通过添加化学物质增加瘦肉率，这种做法本身并没有什么错，但前提一定要确保安全。政府与监管部门应对此持谨慎态度，对已经证明有害的物质加强检验与管理，对安全性尚不明确的物质进行安全性评价，以避免可能的伤害。

对于消费者而言，则可以通过随时关注质检信息、从正规渠道购买肉类制品，以避免"瘦肉精"猪肉。如果怀疑自己吃了"瘦肉精"猪肉，也不用太过担心。这类物质造成的不适症状一般比较轻，只要能及时到医院就诊，经过治疗之后就可以缓解（原载科学松鼠会博客）。

3. 食品加工新技术与食品安全性评价

随着科学技术的发展和人们对食品健康问题越来越重视，新的食品加工技术不仅为我们带来了味道鲜美、品种多样的食品选择，还为我们提供了更为健康的食品，极大地保障了我们日常生活中的食品安全。与此同时，与食品加工相关的技术如食品包装技术也随之发展起来。这些新技术包括食品辐照加工技术、农产品无损检测技术、食品超高压加工技术、细菌侦测技术、绿色食品包装技术、无菌包装技术和气调包装技术等，这些新技术的开发和应用，都将为我们日常生活中的食品安全保驾护航。

（1）食品辐照加工技术　食品辐照技术是利用钴-60、铯-137 等放射源产生的伽马射线，或加速器产生的 10MeV 以下的高能电子束，在能量的传递和转移过程中，产生强大的理化效应和生物效应，主要作用是抑制发芽，杀虫灭菌，改善品质，保鲜耐贮。食品辐照加工技术已成为 21 世纪保证食品安全的有效措施之一。世界上已有 60 多个国家批准了食品辐照技术的应用。截至 2005 年，我国辐照食品种类已达 7 大类 56 个品种，主要有：①谷物、豆类及其制品辐照杀虫；②干果、果脯类辐照杀虫杀菌；③熟畜禽肉类食品辐照保鲜；④冷冻包装畜禽肉类辐照保鲜；⑤脱水蔬菜、调味品、香辛料类和茶的辐照杀菌；⑥水果、蔬菜类辐照保鲜；⑦鱼、贝类水产品类辐照杀菌等。2010 年，我国辐照食品总量已经达 20 万吨以上，约占世界辐照食品的一半。

辐照技术在其他方面的应用包括：①病人食品、航天食品、野营食品等，必须做到干净无菌，有些国家对其实施射线辐照；②包装容器也用射线杀菌；③饲料也可以用射线杀菌。目前，欧洲发达国家几乎都在对动物用饲料进行辐照杀菌处理。

经过近半个世纪的研究与实践，食品辐照加工技术在解决食品不受损失或减少损失、减少能耗和化学处理所造成的食品中药物残留及环境污染，并提高食品卫生质量与延长贮存和供应方面，具有独特的作用。辐照可杀死寄生在产品表面的病原微生物和寄生虫，也可杀死内部的病原微生物和害虫，并抑制其生理活动，从根本上消除了产品霉烂变质的根源，达到保证产品质量和食品安全的目的。食品辐照技术成为减少产后损失、减少食源性疾病和解决食品安全中有关问题的一种有效方法。

辐照食品的卫生安全性，是人们最为关心的问题。消费者对辐照普遍存在恐惧心理，辐照处理过的食品是否有放射性危险？食品经辐照处理后，会不会诱发放射性？有没有放射性残留？有关辐照食品安全性、卫生状况和管理标识的争论，主要体现在以下几个方面：

①微生物安全性问题　人们对食源性疾病至为关注。食物中的微生物如沙门氏菌、利斯特菌、大肠杆菌等对辐照较敏感，10kGy 以下的剂量就可以除尽。辐照杀死了致病菌且不会带来食品的安全性问题。根据各国 30 多年的研究结果，FAO/WHO/IAEA 组织的联合专家委员会于 1980 年 10 月份宣布，吸收剂量在 10kGy 以下的任何辐照食品都是安全的，无需做毒理学试验。

②辐照过程中营养成分的损失问题　辐照食品营养成分检测表明，低剂量辐照处理不会导致食品营养品质的明显损失，食品中的蛋白质、糖和脂肪保持相对稳定，而必需氨基酸、必需脂肪酸、矿物质和微量元素也不会有太大损失。辐照食品营养卫生和辐射化学的研究结果表明，食品经辐照后，辐射降解产物的种类和有毒物质含量与常规烹调方法产生的无本质区别。辐照电离作用可直接造成生物学效应，实践证明它能抑制被照食品采后生长（蘑菇）、防止发芽（马铃薯）、杀虫灭菌、钝化酶的活性（一切食品），从而达到延长食品的保鲜期或长期贮藏的目的。

③辐照食品的放射性问题　即使使用高辐照剂量，它们所生成的同位素的寿命也很短，放射性仅为食品天然放射性的 15 万分之一至 20 万分之一。钴-60 的伽马射线平均能量为 1.25MeV，铯-137 的伽马射线能量仅有 0.66MeV，远低于产生感生射

线的能量阈值。因此，辐照食品本身不会产生感生放射性。而 10MeV 以上的食品辐照源能量是禁止的，这就从根本上杜绝了诱发放射性的问题。

可以认为，食品辐照处理在化学组成上所引起的变化对人体健康无害，也不会改变食品中微生物菌落的总平衡，亦不会导致食品中营养成分的大量损失。但是高剂量辐照处理所产生的营养成分及其辐照副产物的产生问题仍未被人类所探测到。因而检测技术仍有待于更进一步改进和提高。

（2）农产品无损检测技术　随着我国加入世贸组织后和人民消费物质的不断丰富，人类对可食农产品的要求不再满足于农产品的数量，也不再满足于农产品的安全、卫生，而是对农产品的外观、风味和营养等品质问题越来越关注，要求越来越高。在同等安全、卫生的情况下，选择食用优质农产品渐渐成为一种消费观念和消费文化，这使得对农产品按质量要素进行等级划分，实行以质论价、优质优价就变得切实可行。本文综述了不同的无损检测技术在农产品中的应用现状和最新研究进展，并对其未来的发展方向进行了展望。

随着人们对食品安全问题的日益重视，食品中是否存在危害、危害因素的含量水平及对人体健康的危害程度，客观上要求必须对食品进行安全性评价。安全性评价是利用毒理学的基本手段，通过动物实验和对人的观察，阐明某一物质的毒性及其潜在危害，以便为人类使用这些物质的安全性作出评价，为制定预防措施特别是卫生标准提供理论依据。我国现颁布实施的与食品有关的法规有"农药安全毒理学评价程序"、"食品安全性毒理学评价程序"及"保健食品安全性毒理学评价规范"等。

4. 儿童食品安全十大问题你知道吗?

近年来，以儿童为主要消费对象的食品如雨后春笋般涌现，儿童正餐外的食品费用已成为家庭的重要开支项目之一，而且儿童食品在孩子们膳食中的比例越来越大。但由于大多数家长缺乏这方面的知识，因此在儿童食品的消费中存在着一些问题，不能不引起人们的重视。

问题一：食品中的添加剂未引起高度重视。"三精"（糖精、香精、食用色精）在食品中的使用是有国家规定标准的，很多上柜台的儿童食品也确实符合有关标准，但食之过量，会引起不少副作用。

问题二：分不清食品的成分和功能。不少家长往往分不清奶乳制品与乳酸菌类饮料，乳酸菌类饮料适用于肠、胃不太好的儿童，两者选择不当，反而会引起肠胃不适等症状。

问题三：过分迷信洋食品。从有关部门的抽查结果可以看出，进口儿童食品也并非十分完美。客观地讲，如今的国产儿童食品，从质量和包装上来看，比前几年已有很大的进步，有不少已达到出口标准，因而不能迷信于一个"洋"字。

问题四：用方便面代替正餐。方便面是在没有时间做饭时偶尔用来充饥的食品，其中以面粉为主，又经过高温油炸，蛋白质、维生素、矿物质均严重不足，营养价值较低，还经常存在脂肪氧化的问题，经常食用方便面会导致营养不良。

问题五：多吃营养滋补品。儿童生长发育所需要的热能、蛋白质、维生素和矿物质主要是通过一日三餐获得的。各种滋补营养品的摄入量本来就很小，其中对身体真正有益的成分仅是微量，甚至有些具有副作用。

问题六：用乳饮料代替牛奶，用果汁饮料代替水果。现在，家长们受广告的影响，往往用"钙奶、果奶"之类的乳饮料代替牛奶，用果汁饮料代替水果给孩子增加营养。殊不知，两者之间有着天壤之别，饮料根本无法代替牛奶和水果带给孩子的营养和健康。

问题七：用甜饮料解渴，餐前必喝饮料。甜饮料中含糖达10%以上，饮后具有饱腹感，妨碍儿童正餐时的食欲。若要解渴，最好饮用白开水，它不仅容易吸收，而且可以帮助身体排除废物，不增加肾脏的负担。

问题八：食入大量巧克力、甜点和冷饮。甜味是人出生后本能喜爱的味道，其他味觉是后天形成的。如果一味沉溺于甜味之中，儿童的味觉将发育不良，无法感受天然食物的清淡滋味，甚至影响到大脑的发育。同时甜食、冷饮中含有大量糖分，其出众的口感主要依赖于添加剂，而这类食品中维生素、矿物质含量低，会加剧营养不平衡的状况，引起儿童虚胖。

问题九：长期食用"精食"。长期进食精细食物，不仅会因减少 B 族维生素的摄入而影响神经系统发育，还有可能因为铬元素缺乏而"株连"视力。铬含量不足会使胰岛素的活性减退，调节血糖的能力下降，致使食物中的糖分不能正常代谢而滞留于血液中，导致眼睛屈光度改变，最终造成近视。

问题十：过分偏食。儿童食物过敏者中大约30％是由偏食造成的。因为食物中的某些成分可使人体细胞发生中毒反应，长期偏食某种食物，会导致某些"毒性"成分在体内蓄积，当蓄积量达到或超过体内细胞的耐受量时，就会出现过敏症状。大量研究资料显示，不科学的饮食作为一个致病因素，对儿童健康的影响并不比细菌、病毒等病原微生物小。

5. 哪些食物可有助于开发儿童智力？

第一，脂类食物是儿童智力的物质基础，富含"记忆素"。乙酰胆碱的食物有动物的肝、脑、蛋黄及鱼类和大豆等。

第二，蛋白质是儿童智力的源泉。富含优质蛋白的食物主要有：肉类、蛋类、鱼类、乳类和豆类。但是考虑到学龄儿童对蛋白质的消化率和利用率等因素，以学龄儿童而言，以乳类、蛋类和鱼类蛋白为首选。

第三，糖类是儿童智力的能源。含糖类的食物除面粉、米饭外，对儿童来说，适当吃些糖果等甜食还是有益的，但也不宜多食。

第四，维生素是儿童智力的强化剂。在常见食品中，富含维生素 E 的有玉米油、棉籽油、鱼油及莴苣叶和柑橘皮；富含维生素 B_1 的有谷物皮、豆类、芹菜、大豆、瘦肉、动物内脏、发酵食品；富含维生素 A 的有动物肝脏、胡萝卜；富含维生素 PP 的有谷类、花生、酵母、动物肝脏。

第五，矿物元素是儿童智力的催化剂。对学龄儿童智力起着催化作用的有铁、锌、铜、硒、钙等，其中铁是大脑需氧的运输车辆，锌是大脑思维的火花（是 60 多种酶的激活剂），铜是大脑动作的调剂员，硒是大脑的安全卫士，钙使大脑思维敏捷。另外，锌、铬、钴等对大脑神经的兴奋与抑制也起着重要作用。

6. 儿童不宜多吃的食物有哪些？

根据加工食品的加工方法和技术，为了保证儿童身体发育和健康，儿童的食品范围是小于成人的食品范围的。儿童不宜多食以下食物：糖果、甜食、巧克力、果冻、方便面、纯净水、洋快餐、冷饮、银杏果。儿童食用果冻导致窒息的事故时有发生；纯净水导致体内各种微量元素、化合物和各种营养素的流失。已有因饮用纯净水造成的全身乏力、掉头发或秃发、体内缺钾和钙的儿童病例。以下列举了日常生活中常见的儿童不宜多吃的食品，供读者参考：

儿童不宜多吃的常见食物有：

爆米花：含铅量很高，铅进入人体会损害神经、消化系统和造血功能。

橘子：多吃易产生叶红素皮肤病，甚至腹痛、腹泻，引起骨病。

菠菜：其中含有的大量草酸，在人体内与钙和锌生成草酸钙和草酸锌，不易吸收，可导致儿童骨骼、牙齿发育不良。

鸡蛋：每天最多吃 3 个，过多会造成营养过剩，引起功能失调。

果冻：本身没什么营养价值，多吃或常吃会影响儿童的生长发育。

咸鱼：10 岁以前开始常吃咸鱼，成年后患癌症的危险比一般人高 30 倍。

泡泡糖：其中的增塑剂含微毒，其代谢物对人体有害。

豆类：含有一种能致甲状腺肿的因子，儿童处于生长发育时期更易受损害。

罐头：其中的食品添加剂对儿童有不良影响，易造成慢性中毒。

方便面：含有对人体不利的色素和防腐剂等，易造成儿童营养失调。

可乐饮料：其中含有一定量的咖啡因，影响中枢神经系统，儿童不宜多喝。

动物脂肪：多吃不仅造成肥胖，还会影响钙的吸收。

烤羊肉串：儿童常吃火烤、烟熏食品，会使致癌物质在体内积蓄而使成年易发生癌症。

巧克力：食用过多，会使中枢神经处于异常兴奋状态，产生焦虑不安、心跳加快，影响食欲。

猪肝：儿童常吃或多吃，会使体内胆固醇升高，成年后易诱发心、脑血管疾病。

观点和声音

积极探索食品加工新技术，保障食品安全
建立健全食品安全保障体系和评价体系
加强食品加工人员安全卫生培训——食品安全就在您手中

深度阅读

《现代食品工程》
《食品加工与保藏原理》
《食品工艺学》
《传统食品烟熏鱼芳香成分的检测与安全评价》，中国酿造，2009（10）:132-137

相关链接

国家食品质量安全网
http://www.nfqs.com.cn/
中国农业科学院农产品加工研究所
http://www.foodcaas.ac.cn/index.html

三、贮藏与食品安全

食品贮藏保鲜是指可食性农产品、半成品食品和加工制成食品等在贮藏、运输、销售及消费过程中保鲜保质的理论与实践，它既包括鲜活和生鲜食品的贮藏保鲜，也包括食品原辅料、半成品和成品食品的贮藏保质。

食品贮藏保鲜：是研究食品在贮藏过程中物理特性、化学特性和生物特性的变化规律，这些变化对食品质量及其保藏性的影响，以及控制食品质量变化应采取的技术措施的一门科学。

食品的物理特性：食品的形态、质地和失重等。

食品的化学特性：食品中的水分、水活性、各种天然物质及食品添加剂在食品中所具有的性质。

食品的生物特性：食品中的酶和微生物的特性、食品的生理生化变化和食品害虫等。

食品贮藏从食品的特性出发，根据食品对贮藏条件的要求，合理设计贮藏工艺和贮藏设备，从而保证食品营养与食品安全。食品贮藏作为一门学科已经开展起来，并且各项新技术应用于实际生产生活中。但是长期以来对农产品和食品的储藏和流通重视不够，是我国食品贮运保鲜的基础设施比较薄弱，技术装备比较落后，尚未建立先进的农产品和食品物流与保鲜技术体系，因而食品的变质和损失非常严重。

1. 贮藏食品的分类有哪些？

食品主要分为天然食品和加工食品。

（1）天然食品　植物性和动物性食品，例如苹果和鸡蛋；鲜活食品和生鲜食品，比如活鱼和鲜肉。一般来自繁育器官的天然食品比来自营养器官的食品耐贮藏，比如种子比根茎更易贮藏。

（2）加工食品　干制品、腌制品、糖制品、罐藏制品、冷冻制品和焙烤食品。

①贮藏食品：加工食品贮藏与鲜活和生鲜食品的贮藏，加工食品包括：农业初加工品贮藏、干制品贮藏、腌制食品贮藏、罐头食品贮藏、冷冻食品冻藏、烘焙食品贮藏、调味品贮藏、嗜好食品贮藏。

②鲜活和生鲜食品贮藏：果品保鲜、蔬菜保鲜、鲜切果蔬保鲜、粮食贮藏、畜产品保鲜、水产品保鲜。

食品作为动植物产品，因为体内存有的酶会继续起作用，且多数食品又是营养丰富的物质，能成为微生物生长活动的良好环境。因此，无论食品的种类还是腐烂变质的情况的不同，保证成品的质量是食品行业在贮运过程中的一个重要问题。

2. 食品贮藏的方法与贮藏技术有哪些？

（1）食品贮藏技术

①维持食品最低生命活动的贮藏方法。此种方法主要用于保藏新鲜果蔬原料，任何有生命的生物体都具有天然的免疫性，以抵御微生物的入侵，采收后的新鲜果蔬仍然进行着生命活动，通过降低温度抑制果蔬呼吸作用和酶的活力，延缓储存物质的分解。

②抑制食品生命活动的贮藏方法。属于这类的保藏方法有冷冻保藏、高渗透压保藏、烟熏及使用添加剂等。例如，咸菜、腊肉、果脯等产品。

③运用发酵原理的食品贮藏方法。培养某些有益微生物，进行发酵活动，建立起能抑制腐败菌生长活动的新条件，以延缓食品腐败变质的保藏措施。如泡菜和酸黄瓜的保藏方法。

④利用无菌原理的贮藏方法。利用热处理、微波、照射、过滤等方法处理，将食品中腐败菌数量减少或消灭到能长期贮藏所允许的最低限度，并维持这种状况，以免贮藏期内腐败变质。密封、加热灭菌和防止再次污染是保证罐藏食品长期贮藏的关键技术。

（2）食品贮藏方法　食品贮藏的主要方法包括：射线照射法、低温贮藏、高温加热、放射线处理、罐藏法、烟熏贮藏法、干燥储藏法等。按照贮藏食品的种类,食品贮藏技术可分为:果品保鲜技术、蔬菜保鲜技术、鲜切果蔬保鲜技术、粮食贮藏技术、畜禽产品保鲜技术、水产品保鲜技术等。

①食品热处理与食品贮藏。食品热处理是食品加工与保藏中用于改善食品品质、延长食品贮藏期的最重要的处理方法之一。食品工业中采用的热处理有不同的方式和工艺,不同种类的热处理所达到的主要目的和作用也有不同,但热处理过程对微生物、酶和食品成分的作用及传热的原理和规律却有相同或相近之处。

食品热处理的类型主要有:工业烹饪、热烫、热挤压和杀菌等。

工业烹饪:工业烹饪一般作为食品加工的一种前处理过程,通常是为了提高食品的感官质量而采取的一种处理手段。烹饪通常有煮、焖(炖)、烘(焙)、炸(煎)、烤等。一般煮多在沸水中进行;焙、烤则以干热的形式加热,温度较高;而煎、炸也在较高温度的油介质中进行。

烹饪能杀灭部分微生物,破坏酶,改善食品的色、香、味和质感,提高食品的可消化性,并破坏食品中的不良成分(包括一些毒素等),提高食品的安全性,也可使食品的耐贮性提高。

但也发现不适当的焙、烤处理会给食品带来营养安全方面的问题,如烧烤中的高温使油脂分解产生致癌物质。

热烫：热烫，又称烫漂、杀青、预煮。热烫的作用主要是破坏或钝化食品中导致食品质量变化的酶类，以保持食品原有的品质，防止或减少食品在加工和保藏中由酶引起的食品色、香、味的劣化和营养成分的损失，热烫处理主要应用于蔬菜和某些水果，通常是蔬菜和水果冷冻、干燥或罐藏前的一种前处理工序。

导致蔬菜和水果在加工和保藏过程中质量降低的两类因素主要是氧化酶类和水解酶类，热处理是破坏或钝化酶活性的最主要和最有效方法之一。除此之外，热烫还有一定的杀菌和洗涤作用，可以减少食品表面的微生物数量；可以排除食品组织中的气体，使食品装罐后形成良好的真空度及减少氧化作用；热烫还能软化食品组织，方便食品往容器中装填；热烫也起到一定的预热作用，有利于装罐后缩短杀菌引温的时间。对于水果、蔬菜的干藏和冷冻保藏，热烫的主要目的是破坏或钝化酶的活性。但对于豆类的罐藏及食品杀菌采用（超）高温短时间方法时，由于此杀菌方法对酶的破坏程度有限，热烫等前处理的灭酶作用应特别注意。

热挤压：挤压是将食品物料放入挤压机中，物料在螺杆的挤压下被压缩并形成熔融状态，然后在卸料端通过模具出口被挤出的过程。热挤压，也被称为挤压蒸煮。是指食品物料在挤压的过程中还被加热。挤压是结合了混合、蒸煮、揉搓、剪切、成型等几种单元操作的过程。

挤压可以产生不同形状、质地、色泽和风味的食品。热挤压是一种高温短时的热处理过程，它能够减少食品中的微生物数量和钝化酶，但无论是热挤压或是冷挤压，其产品的保藏主要是靠其较低的水分活性和其他条件。

特点：挤压食品多样化，可以通过调整配料和挤压机的操作条件直接生产出满足消费者需求的各种挤压食品；挤压处理的操作成本较低，在短时间内完成多种单元操作，生产效率较高，便于生产过程的自动控制和连续生产。

热杀菌：根据要杀灭微生物的种类的不同可分为巴氏杀菌和商业杀菌。

巴氏杀菌是一种较温和的热杀菌形式，巴氏杀菌的处理温度通常在100℃以下，典型的巴氏杀菌的条件是62.8℃、30分钟，达到同样的巴氏杀菌效果，可以有不同的温度、时间组合。巴氏杀菌可使食品中的酶失活，并破坏食品中热敏性的微生物和致病菌。巴氏杀菌的目的及其产品的贮藏期主要取决于杀菌条件、食品成分（如pH）和包装情况。对低酸性食品（pH＞4.6），其主要目的是杀灭致病菌；而对于酸性食品，还包括杀灭腐败菌和钝化酶。

商业杀菌一般又简称为杀菌，是一种较强烈的热处理形式，通常是将食品加热到较高的温度并维持一定的时间，以达到杀死所有致病菌、腐败菌和绝大部分微生物，杀菌后的食品符合货架期的要求。

②低温处理与食品贮藏。食品的低温处理是指食品被冷却或被冻结，通过降低温度改变食品的特性，从而达到加工或贮藏目的的过程。

低温贮藏一般可分为冷藏和冷冻两种方式。前者无冻结过程，通常降温至微生物和酶活性较小的温度，新鲜果蔬类常用此法；后者要将食品贮藏到冰点以下，使水部分或全部成冻结状态，动物性食品常用此法。

冷藏：冷藏是低温保藏中一种行之有效的常见的食品保藏方法。它是预冷后的食品在稍高于冰点温度中进行贮藏的方法，冷藏温度范围为 $-2 \sim 15 \, ^\circ\!C$，而一般常用的冷藏温度则为 $4 \sim 8 \, ^\circ\!C$。采用此贮藏温度的冷库常称为高温冷库，贮期一般从几天到数周，并随贮藏的食品种类及其进库时的状态而不同。易腐食品如成熟番茄的贮藏期为 $7 \sim 10$ 天，而耐藏食品的贮藏期则可长达 $6 \sim 8$ 个月。若冷藏妥当，那么在一定的贮藏期内，对食品风味、质地、营养价值等的不良影响就会很小。对大多数食品来说，冷藏并不像热处理、脱水干燥、发酵、冻藏那样能阻止食品腐败变质，而只能减缓其变质速度。鱼、肉和许多果蔬类易腐食品即使贮藏于

0℃，其贮藏期一般低于 2 周。在一般的高温冷库或冰箱内，如贮藏温度为 5℃左右，则贮藏期常常达不到 1 周。这些食品若贮藏在 22℃或更高温度下，不用一天它们就已开始腐败变质了。

冷藏虽仅用于短期贮藏，但对适当延长易腐食品及其原料的供应时间及缓和季节性产品的加工高峰起着一定的作用。

冷藏并不是对所有食品都适用。有些食品（主要是新鲜食物）就不宜于过低的温度中贮藏，否则品质就会恶化。瓜类和番茄在 4℃的温度下就会死亡，低温显然对它们并不有利。一般来说，番茄、香蕉、柠檬、南瓜、甘薯、黄瓜等只能在 10℃以上的温度中贮藏，才能保存良好的品质，否则会发生不同程度的冷害。

冻藏：食品原料在冻结点以下的低温进行贮藏，称为冻藏。相比在冻结点以上的冷藏有更长的保藏期。在－12℃以下的低温条件，通常能引起食品腐败变质的腐败菌基本不能生长，可引起食品品质劣变的酶促反应和非酶反应也都在较低的水平下进行。在工业上常采用－18℃温度条件下，食品原料可以存放数月之久。

商业化冻结方法主要可分为空气冻结、制冷剂间接接触冻结和制冷剂直接浸没冻结等三种基本类型，每一种基本类型又派生出多个不同的具体方式。

在冻藏温度－18℃或更低的温度下，食品中的微生物几乎不能生长，食品中酶的活动也受到极大的抑制，但由于在通常的冻藏温度－18℃时仍会有10％以下的水分未被冻结，而形成未冻结区。未冻结区中某些酶的作用和化学作用仍在缓慢进行，从而造成冻藏食品品质的缓慢下降，如脂肪分解酶在－20℃下仍能引起脂肪分解，脂肪和脂肪酸在空气中氧的作用下会产生氧化酸败。食品在冻藏中还会发生冰结晶的成长、重结晶、干耗、变色等不良变化，当库温波动或食品温升严重时，还可能造成微生物的孳生并加剧不良反应的发生。

解冻是冻制食品消费前或进一步加工前必经的步骤，不过有的冻制食品如冰淇淋、雪糕和冰棒等例外。小型包装的速冻食品如蔬菜、肉类的解冻，还常和烹调加工结合在一起同时进行。但是，提供给贸易网的分配仓库或销售点的冻制品并不需要解冻，因为解冻后的食品不耐贮藏，若重新冻结则会导致食品品质恶化。食品加工单位，如罐头工厂、肠制品加工厂、果汁加工厂及公共食堂等，使用冻制食品前需先解冻，才能进一步加工，为此解冻时必须尽最大努力保存加工时必要的品质，使品质的变化或数量上的损耗都减少到最小的程度。食品的质地、稠度、色泽及汁液流失为食品解冻中最常出现的质量问题。大部分食品冻结时，或多或少会有水分从细胞内向细胞或纤维间的间隙内转移；为此，尽可能恢复冻结前水分在食品内的分布状况是解冻过程中的重要课题。若解冻不当，极易出现严重的食品汁液流失，由于食品汁液常溶有各种酸类、盐类、萃取物质、可溶性蛋白质和维生素等，故汁液流失会失去营养成分和风味。

③食品腌制贮藏。食品加工时，将食盐、食糖或食用酸加入到食品中的工艺称为腌制。腌制时食盐或食糖在食品水分中溶解形成高渗透压，使食品组织内的水分向外渗出，可降低食品的水分活度，不利于微生物的生长繁殖。同时高渗透压也使微生物细胞内的水分向外渗出，使微生物的生长繁殖受到抑制，从而防止食品腐败变质和发酵，延长食品的保藏期。腌制可增加食品风味，也是一种很好的食品保藏方法。经腌制加工的制品称为腌制食品。食品腌制通常分为盐渍、糖渍和酸渍。

盐渍：盐渍是指食品加工时加入食盐，并让食盐渗入到食品组织内。盐渍时加入的食盐除起到防腐作用外，还可起到调味作用。根据食品原料不同，盐渍品有腌肉、腌鱼、腌菜、腌果等。肉品盐渍时常添加一定量的 $NaNO_3$ 或 $NaNO_2$ 起发色作用。

糖渍：糖渍是指在食品加工时加入较高浓度的食糖，并让食糖渗入到食品组织内，提高渗透压，使食品组织内的水分和微生物细胞内的水分向外渗出，从而抑制微生物的生长繁殖，防止食品腐败变质并延长保藏期。糖渍主要用于水果加工，也用于某些蔬菜的加工，如冬瓜糖。

酸渍：酸渍是指果品、蔬菜脂渍时采用调味酸液浸渍，使产品带有酸味风味，并延长保藏期。按照有机酸的来源不同，酸渍可大致分为人工酸渍和微生物发酵酸渍两大类。人工酸渍是以食醋或冰醋酸及其他辅料配制成汤液浸渍食品的方法，主要用于蔬菜中酸黄瓜、醋蒜、酸辣菜等产品。微生物发酵酸渍法是利用乳酸菌正常发酵所产生的乳酸进行腌制，如酸渍白菜、泡菜、酸奶及酸豆乳等。

在生产上，为了增加风味，食品腌制时常常同时采用两种或三种方法，比如盐渍配合糖渍制成咸中带甜的产品，如广味香肠；也可同时采用糖渍配合酸渍制成甜中带酸的产品，如一些果酸味食品；也有将盐渍、糖渍、酸渍结合进行加工，使产品具有咸、甜、酸味，如糖醋大蒜等。

④食品烟熏贮藏。烟熏是最为古老的食品加工法，其历史可追溯到人类开始用火的时代。人们在将生肉烤制熟食中发现经熏烟熏过的肉味道更好、保存得更久，于是烟熏方法逐步形成并发展。中国在烟熏食品的加工上历史最为悠久，随着西式加工工艺和设备的引进，传统产品质量的改进和现代化加工生产的迅速发展，西式烟熏产品开发也迈入了新的发展阶段。烟熏食品的范围很广，从原料来源

上分，包括畜禽类、水产类、乳类、禽蛋类、豆制品类和蔬菜类；从加工工艺上分，又可分为生制品和熟制品类、中式和西式类、肪制类、酱卤类、香肠类和火腿类等。

烟熏的目的是改善产品感官质量和可贮性，也是产生能引起食欲的烟熏气味，酿成制品的独特风味，使产品外观产生特有的烟熏颜色和肉组织的腌制颜色更加诱人，同时抑制不利微生物的生长，延长产品货架寿命。常用的食品烟熏方法如表3-1。

表3-1 常用的食品烟熏方法

常规法	直接烟熏法	间接燃烧法：冷熏法、热熏法、温熏法、热熏法、焙熏法
	间接烟熏法	摩擦发烟法：冷熏法、热熏法
		温热分解法：冷熏法、热熏法
		流动加热法：冷熏法、热熏法
		二步法：冷熏法、热熏法
		炭化法：冷熏法、热熏法
速熏法	液熏法	蒸散吸附法、浸制法、添加法
	电熏法	火花放电法、静电吸附法

⑤食品干燥贮藏。干燥是在自然条件或人工控制条件下促使食品中水分蒸发的工艺过程。常用的干燥方法有自然干燥、热传导干燥、对流传热干燥、红外线辐射干燥、微波加热干燥及冷冻干燥等。

自然干燥：人类很早就利用自然干燥来干燥谷类、果蔬和鱼、肉制品，达到延长贮藏期的目的。我国不少土特产如红枣、柿饼、葡萄干、香蕈、金针菜、玉兰片（笋干）、萝卜干和梅菜等是晒干制成，而风干肉、火腿和广式香肠则经风干或阴干后再保存。即使在经济发达国家，自然干燥仍是常用的干燥方法。但该法有一些明显的缺点：依赖于某些无法严格控制的因素，干燥缓慢，干燥产品的含水量偏高（一般都大于 15％），需要相当大的干燥场地，卫生得不到保障，糖类有所损失等。

热传导干燥法：是指利用热传导方式将热量通过干燥器的壁面传给湿物料，使其中的湿分汽化。

对流传热干燥法：是使热空气或热烟道气等干燥介质与湿物料接触，以对流方式向物料传递热量，使湿分汽化，并带走所产生的蒸汽。

红外线辐射干燥法：是指红外线辐射到被干燥的湿物料中，有部分被反射和透过，其余被吸收，吸收的多少反映了加热的效果。当构成物质的分子，其运动频率（固有频率）与射入红外线频率相等时，产生共振现象，使物质的分子运动振幅增大，物质内部发生激烈摩擦而产生热能，以吸收湿物中的水分，从而达到干燥的目的。

微波加热干燥法：微波是一种超高频电磁波，微波加热也是一种辐射现象。微波发生器中的微波管将电能转换为微波能量，再传输到微波干燥器中，对物料加热干燥。其原理是用湿物料中水分的偶极子在微波能量的作用下，发生激烈的旋转运动而产生热能，这种加热属于物料内部加热方式，干燥时间短，干燥均匀。常用的微波频率为 2 450 兆赫兹。

冷冻干燥法：物料冷冻后，将干燥器抽成真空，并使载热体循环，对物料提供必要的升华热。使冰升华为水汽，水汽用真空泵排出。仅对物料提供少量热量，应避免物料熔化。冷冻干燥需要很低的压力或高真空。物料中的水分通常以溶液状态或结合状态存在，必须使物料冷却到0℃以下，以保持冰为固态。冷冻干燥法常用于医药品、生物制品及食品的干燥。

⑥食品气调贮藏。气调贮藏是"调节环境气体成分进行贮藏"的简称，调节环境气体成分主要是降低空气中氧气的含量，提高二氧化碳的浓度，只有氧和二氧化碳达到一定的合理比例才能有良好的贮藏效果。生产实践中降氧的方式有自然降氧和人工降氧两种。在贮藏中大量采用的是气调塑料袋、塑料薄膜帐和气调库，都是通过自然降氧法或人工降氧法以调节环境气体成分。按其气调保鲜使用的设备和材料将其分为塑料薄膜封闭气调贮藏和气调冷库贮藏。前者主要是自然降氧，后者是人工降氧。

塑料薄膜包装气调贮藏：该法是利用塑料薄膜的低透性，将食品封闭在袋内或帐内，在适宜、稳定的低温下，采用自然降氧和人工降氧法来调节、维持其内一定浓度的氧气和二氧化碳的保鲜技术。这种包装技术简便易行、机动灵活、效果较好、成本低、易于普及推广，在食品贮藏中已大量应用。

气调冷藏库：如前所述，气调保鲜是一种在密封贮藏系统内控制氧和二氧化碳相对含量的一种保鲜形式。在气调的同时，再对气温进行控制，以达到较好的保鲜效果，称为气凋冷库。气调冷库是目前气调保鲜技术发展的主要方向。

气调冷库房结构，基本与机械冷库相同，采用砖木或土木结构均可，有隔热层和隔潮层，但要求更高，不仅要求隔热保温、防潮，而且要求能阻隔气体，具有高度气密性，以维持库内所需的氧气和二氧化碳的浓度，并在库内气压变动时，库体能承受一定的压力。气调冷库的气体成分要靠气调设备来调节，主要是降氧和二氧化碳脱除设备。

⑦食品生物贮藏。人类观察到微生物导致食品的自然发酵并不是完全有害，同时发现有些却是有益的。生物防治是指用一种或多种生物（包括寄主植物）来减少病原微生物数量或控制病害发展，达到病害防治的目的。生物防治主要有以下几个方面：

微生物生长过程中可产生多种次级代谢产物，其中很多的代谢产物具有抑菌作用，如四环类药物。

与腐败菌对营养物质的竞争原理，该原理为通过与有害菌争夺营养物质，得到迅速生长，成为优势菌群，抑制有害微生物的生长。

重寄生是指一个寄主有同种的寄生者（捕食寄

生者）寄生时，由于寄生者个体数太多，其中的一部分或全部不能完成完全的发育而言，即在寄主体内寄生两种以上的寄生物，但它们是食物链式的寄生，即第一种寄生物寄生于寄主体内，第二种寄生物又在第一种寄生物上寄生，这样第一种寄生物称为寄生物或原寄生物，第二种寄生物称为重寄生物，如果重寄生物上还有寄生物，则为二重寄生物，此现象即称为重寄生现象。

植物对病菌的侵染有着天然的防御反应，这些反应伴随着一系列的生理生化过程，植物在遭到病菌浸染时，通常采取以下反应防御：某些拮抗微生物在果实表面大量生长能诱导果实中抗病系统中水解酶活性的增加，促使果实本身的抗病性得到提高，从而抑制病原微生物的生长。

知识点

食品化学保藏技术中防腐剂及其工作原理

食品化学保藏技术是食品科学研究中的一个重要领域。它有着悠久的历史，如前所述的盐腌、糖渍、酸渍和烟熏都可算是化学保藏方法，因为它们实际上就是利用盐、糖、酸及熏烟等化学物质来保藏食品的。不过人们真正利用人工化学制品于食品保藏则时间还不长，始于20世纪初期，后来随着化学工业和食品科学的发展，天然提取的和化学合成的食品保藏剂逐渐增多，食品化学保藏技术也获得新的进展，成为食品保藏不可少的一部分。

用于食品化学保藏技术防腐剂又可分为无机类和有机类两大类。用于食品保藏的抗菌剂可以区分为无机和有机的两大类，CO_2、SO_2、H_2O_2、苯甲酸及其钠盐、山梨酸及其钾盐、脂肪酸、酒精等为常用的抗菌剂。

(1) 合成有机防腐剂 苯甲酸及其盐类：又称为安息香酸和安息香酸盐，盐类包括有钙盐和钠盐。苯甲酸及其盐类一般在低 pH 范围内苯甲酸钠抑菌效果显著，最适宜的 pH2.5~4.0，pH 高于 5.4 则失去对大多数霉菌和酵母的抑制作用。苯甲酸对酵母的影响大于霉菌的影响，但对细菌效力极弱；苯甲酸对人体毒害小；衍生物，对羟基苯甲酸酯，对于细菌、霉菌都有非常明显的作用，其抗菌活性依赖于链长度。一般随链长度增长对革兰氏阳性菌作用要比阴性菌强。另外，尼泊金酯受 pH 影响较小，可用于中性食品，但由于其溶解度有限，加之不良的气味和费用较高，使其未能广泛用于食品。

使用该类抑菌剂时需注意：苯甲酸加热到 100℃时会升华。酸性环境中易随水蒸气一起蒸发，操作人员需有防护措施如戴口罩、手套等；苯甲酸及其钠盐在酸性条件下防腐效果良好，但对产酸菌的抑制作用却较弱，所以该类防腐剂最好在食品 pH2.5~4.0 时使用，以便充分发挥作用；严格控制用量，保证食品的卫生安全性。ADI 值为 0~5 毫克/千克(FAO/WHO，1994)。

对羟基苯甲酸酯类：又称为对羟基安息香酸酯或尼泊金酯，由于对羟基苯甲酸的羧基与不同的醇发生酯化反应而生成不同的酯，通常在食品中使用的有对羟基苯甲酸甲酯、乙酯、丙酯和异丙酯、丁酯和异丁酯、庚酯等(我国目前仅限用乙酯和丙酯) 。

　　对羟基苯甲酸酯的抑菌作用受 pH 影响较小，适用的 pH4~8。该防腐剂属于广谱抑菌剂，对霉菌和酵母作用较强，对细菌中的革兰氏阴性杆菌及乳酸菌作用较弱。其结构式中 R 的碳链越长，则抑菌效果越强，但溶解度下降。

　　除丁酯延期规定 ADI 值外，其他酯类 ADI 值均为 0~10 毫克/千克(FAO/WHO，1994)。

　　山梨酸及其盐类：又称为花楸酸和花楸酸盐，盐类常用的有山梨酸钾和钙。山梨酸及其钾盐和钙盐的防腐效果同样也和被保存食品的 pH 有关，pH 升高，抑菌效果降低。山梨酸及其钾盐和钙盐的抗菌力在 pH 低于 5~6 时最佳。ADI 值 0~25 毫克/千克(以山梨酸计，FAO/WHO，1994)对霉菌有较强的抑制作用，对厌氧菌无效，pH 越低，抗菌作用越强，在微生物数量过高的情况下，发挥不了作用。

　　根据山梨酸及其钾盐和钙盐的理化性质，在食品中使用时应注意：山梨酸容易被加热时产生的水蒸气带出，使用时，应将食品加热冷却后再按规定用量添加山梨酸类抑菌剂，以减少损失；山梨酸及其钾盐和钙盐对人体皮肤和黏膜有刺激性，要求操作人员佩戴防护眼镜；山梨酸对微生物污染严重的食品防腐效果不明显，因为微生物也可以利用山梨酸作为碳源。在微生物严重污染的食品中添加山梨酸不会起到防腐作用，只会加速微生物的生长繁殖。

　　丙酸盐：属于脂肪酸盐类抑菌剂，常用的有丙酸钙和丙酸钠。作为一种霉菌抑制剂，必须在酸性环境中才能产生作用。丙酸钙：$C_6H_{10}O_4Ca(CH_3CH_2COO)_2Ca$，丙酸钠：$C_3H_5O_2NaCH_3CH_2COONa$。

丙酸、丙酸钙：有效地抑制引起食品发黏的菌类，马铃薯杆菌和细菌，而且它抑制霉菌生长时，对酵母的生长基本无影响，因此特别适用于面包等焙烤食品的防腐。丙酸及其盐是谷物、饲料贮藏中最有效的有机酸类防腐剂，在美国，被认为是安全的食品防腐剂，广泛用于面包和加工干酪；在我国，广泛用于糕点、饼干、面包等。

醇类：包括乙醇、乙二醇、丙二醇等。其中乙醇较为常用。

脱氢醋酸及其钠盐：脱氢醋酸，$C_8H_8O_4$；脱氢醋酸钠，$C_8H_8O_4Na \cdot H_2O$。

双乙酸钠：别名二乙酸一钠，$C_4H_7O_4Na \cdot xH_2O$。脱氢醋酸、双乙酸钠也是有效的。

以上防腐剂使用注意点：①食品 pH 下降，防腐作用上升；②抑菌谱不同；③不同的防腐剂之间有协同作用；④一般比较难溶于水，应先溶解后再添加。

（2）无机防腐剂　氧化型防腐剂的种类和特性包括过氧化物和氯制剂两类。食品保藏中常用的有过氧化氢、过氧乙酸、臭氧、氯、漂白粉、漂白精及其他的氧化型杀菌剂。

氧化型防腐剂使用时应注意：过氧化物和氯制剂都是以分解产生的新生态氧或游离氯进行杀菌消毒的。这两种气体对人体的皮肤、呼吸道黏膜和眼睛有强烈的刺激作用和氧化腐蚀性，要求操作人员加强劳动保护，配戴口罩、手套和防护眼睛，以保障人体健康与安全。根据杀菌消毒的具体要求，配制适宜浓度，并保证杀菌剂足够的作用时间，以达到杀菌消毒的最佳效果。根据杀菌剂的理化性质，控制杀菌剂的贮存条件，防止因水分、湿度、高温和光线等因素使杀菌剂分解失效，并避免发生燃烧、爆炸事故。

过氧化氢：因具有氧化还原作用而具有杀菌效果，特别对厌氧芽孢杆菌杀灭效果好。工厂用于无菌包装容器及塑料容器的消毒处理。

卤素（氯）：食品工厂设备清洗及加工用水等广泛采用次氯酸钙（钠）或直接加氯进行消毒。消毒原理——次氯酸。加氯处理时，水中存在能和氯反应并使它失去杀菌效力的物质，例如 H_2S 和有机杂质等，只有这些物质全部和氯结合，即满足了水本身需氯量而有残余游离氯出现后，才具有有效的杀菌能力或抑制微生物生长活动的能力，此时水的加氯处理达到了转折点——氯转效点。各种水因其有机质和干扰物质含量不同，它们的转折点也不同。pH 较低时，氯的杀菌效力可提高。

还原型防腐剂的种类和特性：主要是亚硫酸及其盐类，国内外食品贮藏中常用的品种有二氧化硫、无水亚硫酸钠、亚硫酸钠、保险粉和焦亚硫酸钠等。

还原型防腐剂使用时应注意：亚硫酸及其盐类的水溶液在放置过程中容易分解逸散二氧化硫而失效，所以应现用现配制。在实际应用中，需根据不同食品的杀菌要求和各亚硫酸杀菌剂的有效二氧化硫含量确定杀菌剂用量及溶液浓度，并严格控制食品中的二氧化硫残留量标准，以保证食品的卫生安全性。亚硫酸分解或硫磺燃烧产生的二氧化硫是一种对人体有害的气体，具有强烈的刺激性和对金属设备的腐蚀作用，所以在使用时应做好操作人员和库房金属设备的防护管理工作，以确保人身和设备的安全。

SO_2、亚硫酸盐类：①漂白作用和还原作用；②减少植物组织中的氧气，抑制褐变反应；③抑制氧化酶的活性，从而抑制酶性变，比如多酚氧化酶的反应；④可与有色物质作用而漂白，比如花青素、胡萝卜素等——用于苹果、马铃薯、果脯原料等；⑤用于防止非酶褐变，如藕、土豆片等；⑥抑菌作用、抑制昆虫；⑦可以强烈抑制霉菌、好气性细菌，对酵母的作用稍差一些；⑧亚硫酸对微生物的抑制效果与其存在状态有关，亚硫酸分子在防腐上最有效；⑨毒理学评价及可能的危害。

无致癌和不影响生殖，对某些细菌有致突变作用，高剂量下，哺乳动物细胞中可导致染色体损害，但在当前的适用剂量下，对多数人无害。关于其危害，主要对过敏的哮喘者有诱发的可能。

二氧化碳(CO_2)：CO_2是一种能影响生物生长的气体之一。高浓度的CO_2能阻止微生物的生长，因而能保藏食品。高压下CO_2的溶解度比常压下大，因而高压下，防腐能力也大——碳酸饮料的防腐。生产饮料时常用CO_2作为防腐剂。运用CO_2保存食品具有较大的发展前途。CO_2也常和冷藏结合在仪器用于水果保鲜、气调保鲜——减缓呼吸作用。

其他无机类防腐剂：硝酸盐和亚硝酸盐类包括硝酸钾、硝酸钠和亚硝酸钾、亚硝酸钠，主要作为护色剂使用，但同时也具有防腐作用。其用量可参考 GB2760—86、GB2760—89。

亚硝酸盐和硝酸盐：两者都有延迟微生物生长的作用，后者由于靠酶转化或亚硝酸盐而起作用，用量大一些。抑制梭状芽孢杆菌有效。硝酸盐类 ADI 值 0~5 毫克/千克(FAO/WHO，1994)，亚硝酸盐类 ADI 值 0~0.2 毫克/千克(FAO/WHO，1994)。

欧盟儿童保护集团(HACSG)建议在婴幼儿食品中限制使用硝酸钠，而亚硝酸钠则不得用于儿童食品。

3. 贮藏方法对食品安全的影响有哪些？

食品安全性方面主要考虑产品贮藏过程中出现病原体，或者是因为原料或食品在加工或制造时被污染。

（1）对事先煮熟的冷冻、冷藏、供应餐厅或市售的食品在贮藏和制作过程中如果处理不当，食物可能被许多病原体污染，病原体数目太少不会致病。如冷藏不当或在室温下放置时间过长，微生物就会增加到足以引起致病的数量。污染来源于食品工作人员的不洁操作，处理不当或许是许多食源性疾病暴发的最常见的原因。

（2）不充分的烹饪、加工或制作也能导致疾病。例如，由于加热不充分，没有杀死所有致病微生物引起的疾病。

（3）大规模饲养动物的现代饲养业使食源性的疾病问题更加剧。

（4）工厂操作的集中化和单一食品的大规模生产有望更好地控制微生物，但如果发生一次食品安全问题，也可能造成灾难性损失。

（5）冷冻不会使食品微生物死亡，但是冷冻时细菌总数可以降低，而大量的病原体仍可以存活，冷冻的过程越快，存活的程度也越大。较快速的冷冻可提高食品的质量，不管预蒸煮与否，如果要求冷冻食品在冷冻后是安全的话，冷冻之前也必须是安全的。

加工之后，冷冻和冷藏食品在贮存、运输和销售过程中必须保持低温，一般来讲，食品中的病原体在低于 3.3℃时不能生长，在 7～10℃生长缓慢。

（6）预蒸煮的食品没有经过充分的加热，加热的时间和温度往往不足以杀死病原体或破坏他们的毒素。在快餐店，脂肪层厚的油炸食品处于低温是常见的。微波炉的食品不一定就是安全的，不同的食品组分也不一定是安全的，因为不同的食品组分以不同的速率吸收微波能量，预蒸煮过的食品可能来自这种加热不均匀的微波炉。

4. 冰箱中存放东西应该怎样分类？哪些食物不能放在冰箱中？

在使用冰箱的时候，一定要掌握好使用常识，不仅保证延长冰箱的使用寿命，更能吃到新鲜健康的食物。现介绍一些冰箱内存储食物时需要注意的问题，哪些食物不能放进冰箱？

（1）水果类

香蕉：若把香蕉放在 12℃以下的地方贮存，会使香蕉发黑腐烂。

鲜荔枝：若将荔枝在 0℃的环境中放置一天，

即会使其表皮变黑，果肉变味。

热带水果：热带水果由于害怕低温，不适宜放在冰箱里，如果冷藏，反而会"冻伤"水果，令其表皮凹陷，出现黑褐色的斑点，不仅损失营养，还容易变质。未熟的水果，则更不能放进冰箱，否则很难正常地成熟起来。正确的方法是避光、阴凉通风处贮藏。

（2）蔬菜类

西红柿：西红柿经低温冷冻后，肉质呈水泡状，显得软烂，或出现散裂现象，表面有黑斑，煮不熟，无鲜味，严重的则腐烂。

黄瓜、青椒：黄瓜、青椒在冰箱中久存，会出现冻"伤"——变黑、变软、变味。黄瓜还会长毛发黏。因为冰箱里存放的温度一般为 $4\sim6$℃，而黄瓜贮存适宜温度为 $10\sim12$℃，青椒为 $7\sim8$℃，因此不宜久存。

（3）叶子菜　因为它冷藏后比较容易烂，最好不要挨着冰箱放。

白菜、芹菜、洋葱、胡萝卜等的适宜存放温度为 0℃左右。

黄瓜、茄子、西红柿等的适宜存放温度为 $7.2\sim10$℃。

南瓜适宜在 10℃以上存放。

（4）零食类

巧克力：放进冰箱的巧克力在拿出来后，表面容易出现白霜，不但失去原来的醇香口感，还会利于细菌的繁殖。储存巧克力的最佳温度是5～18℃。夏天室温过高时，可先用塑料袋密封，再置于冰箱冷藏室储存。取出时，别立即打开，让它慢慢回温至室温再食用。

（5）食物类

火腿：若将火腿放入冰箱低温贮存，其中的水分就会结冰，脂肪析出，火腿肉结块或松散，肉质变味，极易腐败。

面包：面包在烘烤过程中，面粉中的淀粉直链部分已经老化，这就是面包产生弹性和柔软结构的原因。随着放置时间的延长，面包中的支链淀粉的直链部分慢慢缔合，而使柔软的面包逐渐变硬，这种现象叫"变陈"。"变陈"的速度与温度有关。在低温时（冷冻点以上）老化较快，而面包放冰箱中，变硬的程度来得更快。

鱼：冰箱中的鱼不宜存放太久，家用电冰箱的冷藏温度一般为－15℃，最佳冰箱也只能达到－20℃，而水产品，尤其是鱼类，在贮藏温度未达到－30℃以下时，鱼体组织就会发生脱水或其他变化，如鲫鱼长时间冷藏，就容易出现鱼体酸败，肉质发生变化，不可食用。因此，冰箱中存放的鱼，时间不宜太久。

（6）其他

中药：不宜放在冰箱里，药材放入冰箱内，和其他食物混放时间久了，不但各种细菌容易侵入药材内，而且容易受潮，破坏了药材的药性，所以对一些贵重的药材，如人参、鹿茸、天麻、党参等，若需长期保存，可放在一个干净的玻璃瓶内，然后投入适量用文火炒至暗黄的糯米，待晾凉后放入，将瓶盖封严，搁置在阴凉通风处。

吃剩的月饼：月饼是用面粉、油、糖和果仁等配料精制，并经过焙烤的糕点。焙烤食品是不宜放入冰箱储存的。尽管对于有些品种的月饼来说，放入冰箱可以延长其保质时间，但还是会影响其风味。这是因为，月饼原料中的淀粉在经过焙烤后熟化，并变得柔软，而在低温的条件下，熟化了的淀粉会析出水分，变得老化（也就是"返生"），使月饼变硬、口感变差。

贮藏和冷冻食物有六大禁忌：

①热的食物绝对不能放入运转着的电冰箱内。

②存放食物不宜过满、过紧，要留有空隙，以利冷空气对流，减轻机组负荷，延长使用寿命，节省电量。

③食物不可生熟混放在一起，以保持卫生。按食物存放的时间、温度的要求，合理利用箱内空间，不要把食物直接放在蒸发器表面上，要放在器皿里，

以免冻结在蒸发器上，不便取出。

④鲜鱼、肉等食品不可以不作处理就放进冰箱。鲜鱼、肉要用塑料袋封装，在冷冻室贮藏。蔬菜、水果要把外表面水分擦干，放入箱内最下面，以零上温度贮藏为宜。

⑤不能把瓶装液体饮料放进冷冻室内，以免冻裂包装瓶。应放在冷藏箱内或门档上，以 4℃左右温度贮藏为最好。

⑥存贮食物的电冰箱不宜同时贮藏化学药品。

5. 与食品有关的化学危害有哪些？

化学药品被动物和人体摄入后如果引起有害反应，就被说成是有毒的，其实几乎所有的东西，不管其来源如何，都可以认为是"毒物"。决定毒性的因素是剂量或摄入量和化学药品的效力。剧毒物在摄入后短时间就起作用，而慢性毒物长时间后才会产生不良反应。有食品产生的毒物可以分为三类：

（1）天然来源的包括食品本身的毒物。天然毒物存在于植物、微生物和动物中。

（2）在食品成长、生长、加工、贮藏或制作过程中成为食品污染物的毒物。

（3）为了获得所希望的效果有意加入食品中的有毒物质，他们可能是防腐剂或是用于杀死昆虫或霉菌的杀虫剂或是用于治疗生产食品的动物的疾病的药物。

天然食品和深加工食品一样都含有化学物质，这些物质也在一定剂量时会产生毒性。许多种类的毒性来自于食品，包括神经损伤、器官中毒、阻碍营养作用、畸胎和癌症。人们不能区分这种毒物，也无法进行更多的控制。有意加入的添加剂和无意进入食品并成为食品一部分的添加剂，应该有权威机构进行检测和控制，确保其危险性最小，并且检测成本方面可以接受。

观点和声音

严格履行有关食品安全的责任和义务，研究和生产出安全、健康、营养的食品，维护消费者的利益

加强宣传，营造氛围，大力普及食品安全知识，努力增强食品安全信用意识，提高食品从业者职业道德水准

深度阅读

《食品贮藏保鲜》，郑永华，2006.11

《食品工程原理》

《有机(天然)食品贮藏技术规范》

《生鲜食品贮藏保鲜包装技术》，章建浩，2009.10

相关链接

中国食品工程网
http://www.cnfood114.com/
食品伙伴网
http://down.foodmate.net/ziliao/sort/20/11787.html

四、包装与食品安全

食品包装（food packaging）是食品商品的组成部分。食品工业过程中的主要工程之一。它保护食品，使食品在离开工厂到消费者手中的流通过程中，防止生物的、化学的、物理的外来因素的损害，它也可以有保持食品本身稳定质量的功能，它方便食品的食用，又是首先表现食品外观，吸引消费的形象，具有物质成本以外的价值。因此，食品包装也是食品制造系统工程的不可分的部分。但食品包装制造的通用性又使它有相对独立的体系。

食品包装可按包装材料分为金属、玻璃、纸质、塑料、复合材料等，可按包装形式分为罐、瓶、包、袋、卷、盒、箱等；可按包装方式分为罐藏、瓶装、包封、袋装、裹包，以及灌注、整集、封口、贴标、喷码等；可按产品层次分为内包装、二级包装、三级包装、外包装等。

食品包装作为直接与食品接触的保护层，可以说是食品的另一种添加剂。食品包装不仅可以美观食品的外表，还是人们健康的一道防护盔甲，食品包装起到了很重要的作用，食品包装的重要性也就不言而喻，由于对食品安全的更多关注、更高要求，一些国家对食品包装的法规管理更加强化。从实施营养标志法规、间接添加剂规定等，以推行可降解包装、电子扫描条码等，都在促进食品包装的新发展。

1. 食品包装考虑的因素及主要包装方法有哪些？

食品的种类和性质差异，以及对食品营养成分的不同，决定食品的包装方法和要求也不尽相同。但是食品安全对食品包装的要求主要有以下几个指标：微生物含量、水分及食品的营养成分。食品从原料加工到消费的整个流通环节是复杂多变，它会受到生物性和化学性的侵染，受到流通过程中出现的光、氧、水分、温度、微生物等各种环境因素的影响。

其中光对食品品质的影响很大，它可以引发并加速食品中营养成分的分解，发生食品的腐败变质反应。主要表现在：促使食品中优质的氧化反应而发生氧化性酸败；食品中的色素发生化学变化而变色；植物性食品中的绿、黄、红色及肉类食品中的红色发暗或变成褐色；引起光敏感性维生素的破坏，并与其他物质发生不良的化学变化；引起食品中蛋白质和氨基酸的变性。

氧气对食品中营养成分有一定破坏作用，主要表现在：食品中的油脂发生氧化，这种氧化即使是低温条件下也能进行，油脂氧化产生的过氧化物，不但使食品失去食用价值，而且会发生异臭，产生有毒物质；氧能使食品中的维生素和多种氨基酸失去营养价值；氧还能使食品的氧化褐变反应加剧，使色素氧化褪色或变成褐色；对于食品微生物，大部分细菌由于氧的存在而繁育生长，造成食品的腐败变质；对于新鲜果蔬在贮运、流通过程中存在呼吸，以保持其正常的代谢作用，故需要吸收一定数量的氧而放出一定量的二氧化碳和水，并消耗一部分营养。

湿度对食品品质的影响，水是促使微生物的繁殖，助长油脂的氧化分解，促使褐变反应和色素氧化，同时水分使一些食品发生某些物理变化。

温度对于引起食品变质的主要原因：生物和非生物的影响比较显著。温度高对于食品中的蛋白质及维生素的破坏较为严重，低温对于果蔬贮存不利，容易引起变质腐烂。

因此，根据食品种类的差异性，食品包装对食品的贮藏有着重要的意义。为进一步提高包装食品质量和延长包装食品贮藏期，食品包装分类方法很多。如按技法分为：防潮包装、防水包装、防霉包装、保鲜包装、速冻包装、透气包装、微波杀菌包装、无菌包装、充气包装、真空包装、脱氧包装、泡罩包装、贴体包装、拉伸包装、蒸煮袋包装等。上述各种包装皆是由不同复合材料制成的，其包装特性是对应不同食品的要求，能有效地保护食品品质。

2. 食品包装材料类型及其安全问题有哪些？

食品包装材料直接接触食品，它是食品包装有害物质残留的主要来源。目前，市场上的食品包装材料主要有纸、塑料、金属、玻璃、陶瓷等。

（1）纸包装 纸，取材广泛，价格便宜，被认为是目前使用最广泛的绿色包装材料，也是最古老、最传统的包装材料，在食品包装中占有相当重要的地位。在某些发达国家，纸包装材料占总包装材料总量 40%～50%，我国占 40%左右。国家标准对食品包装原纸的卫生指标、理化指标及微生物指标有规定。单纯的纸是卫生、无毒、无害的，且在自然条件下能够被微生物分解，对环境无污染。纸中有害物质的来源及对食品安全的影响主要存在以下几个方面。

造纸原料本身带来的污染：生产食品包装纸的原材料有木浆、草浆等，存在农药残留。有的使用一定比例的回收废纸制纸，因为废旧回收纸虽然经过脱色，但只是将油墨颜料脱去，而有害物质铅、镉、多氯联苯等仍可留在纸浆中；有的采用霉变原料生产，使成品含有大量霉菌。

造纸过程中的添加物：造纸需在纸浆中加入化学品，如防渗剂、施胶剂、填料、漂白剂、染色剂等。纸的溶出物大多来自纸浆的添加剂、染色剂和无机颜料，其中多数是各种金属，这些金属即使在0.2毫克/千克级以下亦能溶出而致病。例如，在纸的加工过程中，尤其是使用化学法制浆，纸和纸板通常会残留一定的化学物质，如硫酸盐法制浆过程残留的碱液及盐类。食品安全卫生法规定，食品包装材料禁止使用荧光染料或荧光增白剂，它是一种致癌物。此外，从纸制品中还能溶出防霉剂或树脂加工时使用的甲醛。

油墨造成的污染：我国没有食品包装专用油墨，在纸包装上印刷的油墨，大多是含甲苯、二甲苯的有机溶剂型凹印油墨，为了稀释油墨常使用含苯类溶剂，造成残留的苯类溶剂超标。苯类溶剂在GB9685标准中不被许可使用，但仍被大量使用；其次，在油墨所使用的颜料、染料中，存在着重金属（铅、镉、汞、铬等）、苯胺或稠环化合物等物质，引起重金属污染，而苯胺类或稠环类染料则是明显的致癌物质。印刷时因相互叠在一起，造成无印刷面也接触油墨，形成二次污染。所以，纸制包装印刷油墨中的有害物质，对食品安全的影响很严重。为了保证食品包装安全，采用无苯印刷将成为发展趋势。

贮存、运输过程中的污染：纸包装物在贮存、运输时表面受到灰尘、杂质及微生物污染，对食品安全造成影响。

（2）塑料包装　塑料也是目前使用的比较广泛的食品包装材料，它是一种以高分子聚合物树脂为基本成分，再加入一些用来改善其性能的各种添加剂制成的高分子材料。塑料包装材料作为包装材料的后起之秀，因其原材料丰富、成本低廉、性能优良、质轻美观的特点，成为近40年来世界上发展最快的包装材料。塑料食品包装具有重量轻、运输销售方便、化学稳定性好、易于加工、装饰效果好及良好的食品保护作用等功效。但是塑料包装材料本身也存在一定的卫生安全问题，主要表现为材料内部残留的有毒有害化学污染物的迁移与溶出而导致食品污染。

树脂本身所具有的毒性：树脂中未聚合的游离单体、裂解物（氯乙烯、苯乙烯、酚类、丁腈胶、甲醛）、降解物及老化产生的有毒物质对食品安全均有影响。聚氯乙烯游离单体氯乙烯（VCM）具有麻醉作用，可引起人体四肢血管的收缩而产生痛感，同时具有致癌、致畸作用，它在肝脏中形成氧化氯乙烯，具有强烈的烷化作用，可与 DNA 结合产生肿瘤。聚苯乙烯中残留物质苯乙烯、乙苯、甲苯和异丙苯等对食品安全构成危害。苯乙烯可抑制大鼠生育，使肝、肾重量减轻。低分子量聚乙烯溶于油脂产生蜡味，影响产品质量。这些有害物质对食品安全的影响程度取决于材料中这些物质的浓度、结合的紧密性、与材料接触的食物性质、时间、温度及在食品中的溶解性等。

塑料包装表面污染：因塑料易带电，易吸附微尘杂质和微生物，从而对食品形成污染。

塑料制品在制造过程中添加的稳定剂、增塑剂、着色剂等助剂的毒性：研究发现，几乎所有品牌的塑料桶装食用油中，都含有"邻苯二甲酸二丁酯（DBP）"和"邻苯二甲酸二辛酯（DOP）"增塑剂，而铁桶装的食用油中却几乎没有。

油墨污染：油墨中主要物质有颜料、树脂、助剂和溶剂。油墨厂家往往考虑树脂和助剂对安全性的影响，而忽视颜料和溶剂间接对食品安全的危害。有的油墨为提高附着牢度会添加一些促进剂，如硅氧烷类物质，此类物质会在一定的干燥温度下使基团发生键的断裂，生成甲醇等物质，而甲醇会对人的神经系统产生危害。在塑料食品包装袋上印刷的油墨，因苯等一些有毒物不易挥发，对食品安全的影响更大。近几年来，各地塑料食品包装袋抽检合格率普遍偏低，只有 50%～60%，主要不合格项是苯残留超标等，而造成苯超标的主要原因是在塑料包装印刷过程中为了稀释油墨使用含苯类溶剂。2005 年 7 月《每周质量报告》报道，央视记者在甘肃、青海、浙江、江苏 4 个省对十几家不同规模的塑料彩印企业调查发现，由于甲苯价格低，企业为了把浓稠的油墨快速印制在塑料薄膜上，都把它作为调配混合溶剂的主要原料。兰州质量监督稽查人员随机抽查了 7 家生产复合型食品包装膜的塑料彩印企业，送往甘肃省产品质量检验中心和国家包装制品质量检验中心检测，结果显示：7 个样品中有 5 个被检出苯残留超标，涉及牛肉干、奶粉、糖果、卤豆干、薯片 5 种食品的包装。

（3）金属包装　金属包装材料是传统包装材料之一，用于食品包装有近 200 年的历史。金属包装材料以金属薄板或箔材为原料加工成各种形式的容器用于包装食品。由于金属包装材料的高阻隔性、耐高低温性、废弃物易回收等优点，在食品包装上的应用越来越广。

金属作为食品包装材料最大的缺点是化学稳定性差，不耐酸碱性，特别是用其包装高酸性食品时易被腐蚀，同时金属离子易析出，从而影响食品风味。

铁制容器的安全问题主要是镀锌层接触食品后锌会迁移至食品引起食物中毒。铝制材料含有铅、锌等元素，长期摄入会造成慢性蓄积中毒；铝的抗腐蚀性很差，易发生化学反应析出或生成有害物质，回收铝的杂质和有害金属难以控制；不锈钢制品中加入了大量镍元素，受高温作用时，使容器表面呈黑色，同时其传热快，容易使食物中不稳定物质发生糊化、变性等，还可能产生致癌物，不锈钢不能与乙醇接触，乙醇可将镍溶解，导致人体慢性中毒。因此，一般需要在金属容器的内、外壁施涂涂料。内壁涂料是涂布在金属罐内壁的有机涂层，可防止内容物与金属直接接触，避免电化学腐蚀，提高食品货架期，但涂层中的化学污染物也会在罐头的加工和贮藏过程中向内容物迁移造成污染。这类物质有 BPA（双酚-A）、BADGE（双酚-A 二缩水甘油醚）、NOGE（酚醛清漆甘油醚）及其衍生物。双酚-A 环氧衍生物是一种环境激素，通过罐头食品进入体内，造成内分泌失衡及遗传基因变异。

（4）玻璃包装 玻璃是一种古老的包装材料。3 000多年前埃及人首先制造出玻璃容器，从此玻璃成为食品及其他物品的包装材料。玻璃是硅酸盐、金属氧化物等的熔融物，是一种惰性材料，无毒无害。玻璃作为包装材料的最大特点是：高阻隔、光亮透明、化学稳定性好、易成型，其用量占包装材料总量的 10% 左右。

熔炼过程中有毒物质的溶出：一般来说，玻璃内部离子结合紧密，高温熔炼后大部分形成不溶性盐类物质而具有极好的化学惰性，不与被包装的食品发生作用，具有良好的包装安全性。但是，熔炼不好的玻璃制品可能发生来自玻璃原料的有毒物质溶出问题。所以，对玻璃制品应作水浸泡处理或加稀酸加热处理。对包装有严格要求的食品药品可改钠钙玻璃为硼硅玻璃，同时应注意玻璃熔炼和成型加工质量，以确保被包装食品的安全性。

重金属含量的超标：高档玻璃器皿中如高脚酒杯往往添加铅化合物，加入量一般高达玻璃的30%。这是玻璃器皿中较突出的安全问题。

加色玻璃中着色剂的安全隐患：为了防止有害光线对内容物的损害，用各种着色剂使玻璃着色而添加的金属盐，其主要的安全性问题是从玻璃中溶出的迁移物，如添加的铅化合物可能迁移到酒或饮料中，二氧化硅也可溶出。

（5）陶瓷包装　我国是使用陶瓷制品历史最悠久的国家。与金属、塑料等包装材料制成的容器相比，陶瓷容器更能保持食品的风味。例如，用陶瓷容器包装的腐乳，质量优于塑料容器包装的腐乳，是因为陶瓷容器具有良好的气密性，而且陶瓷分子间排列并不是十分严密，不能完全阻隔空气，这有利于腐乳的后期发酵。

陶瓷包装材料用于食品包装的卫生安全问题，主要是指上釉陶瓷表面釉层中重金属元素铅或镉的溶出。一般认为，陶瓷包装容器是无毒、卫生、安全的，不会与所包装食品发生任何不良反应。但长期研究表明，釉料主要由铅、锌、镉、锑、钡、铜、铬、钴等多种金属氧化物及其盐类组成，多为有害物质。陶瓷在1 000～1 500℃下烧制而成，如果烧制温度低，彩釉未能形成不溶性硅酸盐，在使用陶瓷容器时易使有毒有害物质溶出而污染食品。如在盛装酸性食品（如醋、果汁）和酒时，这些物质容易溶出而迁入食品，引起安全问题。国内外对陶瓷包装容器铅、镉溶出量均有允许极限值的规定。

3. 安全食品包装加工技术有哪些？

人类生存与社会发展之间的矛盾日益明显，环境保护已成为世界性重大课题，这迫使人们寻找和环境对人类生存无害的绿色包装材料及相匹配的包装技术。新型的食品呼唤新型的包装材料与包装技术。冻干食品、微波食品、绿色食品等新型食品的出现，迫切需要与之相应的包装新材料与包装技术。

目前，世界较多采用的包装加工新技术主要有以下几种：

（1）绿色包装技术　绿色包装技术是指对生态环境无污染，对人体健康无毒害、能回收或再生利用、可促进持续发展的包装。它具有生态环境保护和资源再生两个特征。在食品中采用绿色包装技术可以促进国民经济发展，同时也为解决食品污染提供了一条切实可行的途径。比如，它能监督食品有效期——当食品超过有效期，其包装便开始自动分解、松散、破裂，随着失效期增加，这种现象就越来越严重，直到完全与食品脱落，表明商品已丧失市场价值，不应出售和进食。这种包装的另一重要意义是不构成各种污染。

（2）无菌包装技术　无菌包装门类很广，包括包装的工艺技术、包装材料及包装容器、包装辅助器材和包装机械设备、包装辅助材料、包装科研、包装工程等，并涉及相关产业和学科。无菌包装就方法而言是指产品、包装容器、材料或包装辅助器材经灭菌后，在无菌的环境中进行充填和封合的一种包装方法。无菌包装除了能在常温下长时间保持新鲜而不变质、变色、变味外，还具有耗能低、耗用包装材料少、制造成本低、包装效率高、经济效益好、重量轻、便于长途运输及废弃包装可回收再循环利用等优点。

（3）气调包装技术　气调包装是采用具有气体阻隔性能的包装材料包装食品，再将一定比例的混合气体充入包装内，防止食品在物理、化学、生物等方面发生质量下降或延缓质量下降的速度，从而使食品能有一个相对较长的保质期。由于食品本身的生理特性不同，以及食品在运销环节中遇到的条件也不一样，对其包装的要求变化很大，使用食品气调包装技术时需考虑的因素非常多，其中的要素是适当比例的气体混合物、气体阻隔膜、贮藏温度、食品质量及微生物环境。这些要素互相联系且缺一不可，它们的共同作用决定了食品保质期的长短。当然，由于所包装食品的不同，对各要素的要求也各不相同。

根据食品水分活性的高低，可将食品分为三类，即不含水分的干食品、含水分少的微湿食品和含水量多的高湿食品。

干食品的内部几乎没有水分，一般微生物无法繁殖生长。一般可采用真空充氮法，能将氧气含量降到1％以下，从而抑制食品的氧化作用。同时还必须防止食品吸潮，包装材料应采用对氧气和水蒸气阻隔性好的薄膜。对微湿食品包装时，一般将氧气控制在一个较低的水平，并加入一定量的二氧化碳来抑制食品的氧化作用和微生物的生长。包装材料可采用对氧气、二氧化碳和水蒸气阻隔性好的薄膜，多采取低温贮藏方式。如果设计得当，气调包装可将这类食品的保质期提高4倍以上。鱼肉、果蔬均属水分含量高的食品，水分活性值高达0.98以上，这种环境很适合微生物的生长繁殖，包括厌氧微生物和喜氧微生物，这类食品属于高湿食品。施行气调包装时一般采用二氧化碳、氧气和氮气的混合气体，其中二氧化碳的浓度大于20％、氧气的浓度为 45％～80％。包装材料采用气体高阻隔膜，但对水蒸气透过量的要求并不严格，贮藏多采用冷冻方式，以抑制微生物的生长。

（4）可食性包装技术　近年来，可食性包装已成为热门技术。如英国一家公司研制成了一种可食用的果蔬保鲜剂，它是由糖、淀粉、脂肪酸和聚酯物调配而成的半透明乳液，可采用喷雾、涂刷或浸渍等方法覆盖于苹果、柑橘等水果、蔬菜的表面。由于这种保鲜剂在水果表面形成一层密封膜，因此能防止氧气进入果蔬内部，从而延长了熟化过程，起到保鲜作用。采用这种保鲜剂的水果、蔬菜保鲜期可长达 200 天以上，这种保鲜剂还可以同果蔬一起食用。

基于不同的现代科学原理，随着食品工业的不断发展和人们对食品安全的重视，食品包装加工新技术迅速发展并成熟起来。食品包装加工新技术在充分保证食品安全的基础上，最大限度地保证了食品的新鲜和绿色，新的包装技术对人类生态环境影响较小，例如可自动降解的绿色食品包装袋、食品无菌保鲜技术、气调包装技术、可食用包装技术等。在这些技术正式应用之前，已经通过大量的科学试验，保证了包装食品的安全和包装新技术的应用对人体无害，因此经过以上新技术包装的食品可以放心地食用。

4. 消费者在食品包装安全方面应注意什么？

对于消费者来说，一方面要科学选择，注意包装上的 QS 认证标志；另一方面也要合理使用，注意在日常生活中减少食品包装对身体的危害。

对于塑料制品，最好选择原色、透明、无异味的，同时要注意保鲜膜或塑料制品的外包装上是否写有"PE"、"不含 PVC"或"可用于微波炉加热"这样的标志，有"PE"标志的是首选，写有"PVC"或没有写材质的尽量别买。

要注意产品的使用方法和适用范围，当食物被任何塑料膜包装时，绝对不可使用微波炉烹调或者在蒸笼、电饭锅中加热。塑料制品尽量不要装含油、酸性的食物。对于纸质包装，要注意特别白的纸质包装含有荧光增白剂，日常生活中还要注意不能用废旧书报来包装食品，因为废报纸的油墨中含有毒性很强的多氯联苯及细菌和铅、砷等重金属。

此外，日常生活中应尽可能优先选用不锈钢、陶瓷和玻璃类制品来盛装和加热食品，而尽量不要用塑料制品。

5. 食品的图标代表的含义有哪些？

食品安全是大家都关注的话题，在关注食品

本身的同时，大家还应该去关注一些安全表示。QS 是英文 Quality Safety（质量安全）的缩写，获得食品质量安全生产许可证的企业，其生产加工的食品经出厂检验合格的，在出厂销售之前，必须在最小销售单元的食品包装上标注由国家统一制定的食品质量安全生产许可证编号并加印或者加贴食品质量安全市场准入标志"QS"。食品质量安全市场准入标志的式样和使用办法由国家质量检验检疫总局统一制定，该标志由"QS"和"质量安全"中文字样组成。标志主色调为蓝色，字母"Q"与"质量安全"四个中文字样为蓝色，字母"S"为白色，使用时可根据需要按比例放大或缩小，但不得变形、变色。加贴（印）有"QS"标志的食品，即意味着该食品符合了质量安全的基本要求（图 4-1）。

图 4-1　质量安全标志

自 2004 年 1 月 1 日起，我国首先在大米、食用植物油、小麦粉、酱油和醋五类食品行业中实行食品质量安全市场准入制度，对第二批十类食品肉制品、乳制品、方便食品、速冻食品、膨化食品、调味品、饮料、饼干、罐头实行市场准入制度。国家质量检验检疫总局将用 3～5 年，对全部 28 类食品实行市场准入制度。

观点和声音

倡导低碳环保包装

功能性食品包装材料的研发与安全评估体系的建立，为食品安全提供保障

对包装材料制定有效、规范的卫生标准和检测手段，与世界质量接轨

深度阅读

《预包装食品标签通则》

《食品包装标准汇总》

《食品分析》，穆华荣，于淑萍，2009

《食品包装材料 VS 食品质量安全》，闫燕，食品安全导刊，2009

相关链接

食品包装标准

11/17GB/T 14251—1993 镀锡薄钢板圆形罐头容器技术条件

11/15GB/T 12670—2008 聚丙烯（PP）树脂

11/11GB9687—1988 食品包装用聚乙烯成型品卫生标准

11/09GB/T 4456—2008 包装用聚乙烯吹塑薄膜

11/04GB/T 10004—2008 包装用塑料复合膜、袋干法复合、挤出复合

11/03GB/T 21302—2007 包装用复合膜、袋通则

11/03GB/T 191—2008 包装储运图示标志

10/13GB/T 17374—2008 食用植物油销售包装

10/04QB/T 2370—1998 易拉罐灌装生产线

09/29BB/T 0029—2004 包装玻璃容器 公差

09/29QB/T 2681—2004 食品工业用不锈钢薄壁容器

09/29QB/T 2665—2004 热灌装用聚对苯二甲酸乙二醇酯(PET)瓶

09/29QB/T 1868—2004 聚对苯二甲酸乙二醇酯（PET）碳酸饮料瓶

09/02GB9685—2008食品容器、包装材料用添加剂使用卫生标准

09/01GB/T 14354—2008 玻璃纤维增强不饱和聚酯树脂食品容器

09/01GB/T 10440—2008 圆柱形复合罐

09/01GB/T 13484—1992 接触食物搪瓷制品

08/30GB/T 8947—1998 复合塑料编织袋

08/29GB/T 8946—1998 塑料编织袋

08/29GB/T 19787–2005 包装材料 聚烯烃热收缩薄膜

五、食品标准

我国现有近 6 000 项食品及相关产品的国家标准和行业标准，覆盖了蔬菜、水果、大米、小麦粉、食用油、水产品、白酒等 67 类食品，涵盖了产品标准、卫生与安全限量、检验方法与规程、通用标准等，基本满足了当前我国食品生产、消费的要求。根据我国《标准化法》的规定，国家标准、行业标准、地方标准和企业标准分别由国家标准化管理委员会、国务院有关行政主管部门、各省（市）标准化行政主管部门和企业进行制定。

食品工业标准化体系包括 19 个专业，其中谷物、食用油脂、肉制品、水产食品、罐头食品、食糖、焙烤食品、糖果、调味品、乳及乳制品、果蔬制品、淀粉及其制品、食品添加剂、蛋制品、发酵制品、饮料酒、软饮料及冷冻饮品、茶叶等 18 个专业的主要产品都有国家标准或行业标准。

1. 食品标准的定义是什么？

标准：为在一定的范围内获得最佳秩序，对活动或其结果规定共同的和重复使用的规则、导则或特性的文件，该文件经协商一致制定并经一个公认机构的批准。标准以科学、技术和经验的综合成果为基础，以促进最佳社会效益为目的。实际上，标准就是要求，是市场和消费者的要求。

食品标准：一定范围内（如国家、区域、食品行业或企业、某一产品类别等）为达到食品质量、安全、营养等要求，以及为保障人体健康，对食品及其生产加工销售过程中的各种相关因素所做的管理性规定或技术性规定，这种规定须经权威部门认可或相关方协调认可。

2. 标准的分类有哪些？

（1）按级别分

①国家标准：是由国家标准团体制定并公开发布的标准。我国国家标准是指对全国经济技术发展有重大意义，必须在全国范围内统一的标准。国家标准由国务院标准化行政主管部门编制计划和组织草拟，并统一审批、编号和发布（表5-1）。

表5-1 主要国家标准代号

中国	美国	英国	法国	德国	日本	印度	澳大利亚	丹麦
GB	ANSI	BS	NF	DIN	JAS JIS	IS	AS	DS

②行业标准：我国行业标准是指我国全国性行

业范围内统一的标准。行业标准由国务院有关行政
主管部门制定，并报国务院标准化行政主管部门备
案（表5-2）。

表5-2　已正式公布的部分行业代号

农业	林业	烟草	水利	水产	气象	环保	土管
NY	LY	YC	SL	SC	QX	HJ	TD

③地方标准：我国地方标准是指在某个省、自
治区、直辖市范围内需要统一的标准。地方标准不
得与国家标准、行业标准相抵触，在相应的国家标
准或行业标准实施后，地方标准自行废止。地方标
准由省、自治区、直辖市标准化行政主管部门制定
并报国务院标准化行政主管部门和国务院有关行政
主管部门备案。地方标准代码：使用省、自治区、
直辖市行政区划代码。

④企业标准：企业标准是指企业所制定的产品
标准和在企业内需要协调、统一的技术要求和管理
工作要求所制定的标准。企业标准由企业制定，并
向企业主管部门和企业主管部门的同级标准化行政
主管部门备案。企业标准代号由标准化行政主管部
门会同同级行政主管部门加以规定。

（2）按属性分

①强制性标准：是国家技术法规的重要组成部

分，具有法律属性，在一定范围内通过法律、行政法规等手段强制执行的标准是强制性标准。

②推荐性标准：又称为非强制性标准或自愿性标准。是指生产、交换、使用等方面，通过经济手段或市场调节而自愿采用的一类标准。

（3）按作用范围分

①技术标准：对标准化领域中需要协调统一的技术事项而制定的标准。主要是事物的技术性内容。

②管理标准：对标准化领域中需要协调统一的管理事项所制定的标准，称为管理标准。按其对象可分为技术管理标准、生产组织管理标准、经济管理标准、行政管理标准、业务管理标准等。

③工作标准：对标准化领域中需协调统一的事项所制定的标准。针对具体岗位而规定人员和组织在生产经营管理中的职责、权限，对各种过程的定量定性要求及活动程序和考核评价要求等。

（4）按标准化的对象和作用分

①基础标准：在一定范围内作为其他标准的基础并普遍使用，具有广泛指导意义的标准，称为基础标准。主要包括食品工业基础术语标准、食品综合基础标准、食品添加剂标准、食品中有毒有害物质最高限量标准、食品企业卫生规范、食品加工机械与设备基础标准以及食品标准的编

写标准等。

②产品标准：对产品必须达到的某些或全部特性要求所制定的标准。包括品种、规格、技术要求、试验方法、检验规则、包装、标志、运输和贮存要求等。

③方法标准：以试验、检验、分析、抽样、统计、计算、测定、作业等方法为对象制定的标准。

④安全标准：为保护人和物安全制定的标准。

⑤卫生标准：为保护人的健康，对食品、医药及其他方面的卫生要求而制定的标准。

⑥环境保护标准：为保护环境和有利于生态平衡，对大气、水、土壤、噪声、振动等环境质量、污染源、检测方法及其他事项制定的标准，称为环境保护标准（图 5-1）。

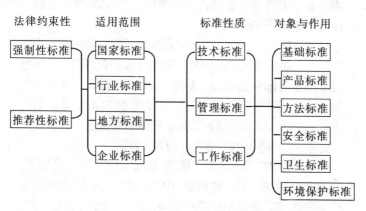

图 5-1　四种分类方法组合图

知识点

(1) 国内标准和国际标准及国外先进标准　国际标准是指国际标准化组织（ISO）、国际电工委员会（IEC）和国际电信联盟（ITU）所制定的标准，以及《国际标准题内关键词索引》（KWIC Index）中收录的其他国际组织制定的标准。其他未列入《KWIC Index》的国际组织所制定的某些标准也被国际公认，与农业有关的主要有下列国际组织：联合国粮农组织（UNFAO）、国际种子检验协会（ISTA）、国际棉花咨询委员会（ICAC）、国际羊毛局（IWS）等。

国际先进标准是指国际上有权威的区域性标准、世界主要经济发达国家的国家标准和通行的团体标准，以及其他国际上先进的标准。包括国际上有权威的区域性标准、世界主要经济发达国家的国家标准、国际上通行的团体标准和国际公认的先进企业标准。

ISO/IEC 现有国际标准 15 000 项，我国国家标准已采用了近 7 000 项。我国国家标准中已有 40% 采用了国际标准和国外先进标准。

(2) 标准的标龄　自标准实施之日起，至标准复审重新确认、修订或废止的时间，称为标准的有效期，又称标龄。由于各国情况不同，标准有效期也不同。以 ISO 为例，ISO 标准每 5 年复审 1 次，平均标龄为 4.92 年。我国在《国家标准管理办法》中规定国家标准实施 5 年，要进行复审，即国家标准有效期一般为 5 年。

(3) 标准的效力形式　根据《标准化法》第七条规定：国家标准（GB）和行业标准（WS、QB）分为强制性标准和推荐性标准。保障人体健康，人身、财产安全的标准和法律、行政法规规定强制执行的标准是强制性标准，其他标准是推荐性标准。如 GB/T、QB/T、WB/T。当标准的全部技术内容需要强制时，为全文强制形式；当标准的部分技术内容需要强制时，为条文强制形式。食品卫生检测方法标准，在开展食品卫生监督检查工作中，实际上起着强制性标准的效力。

《标准化法》规定，我国实行国家标准、行业标准、地方标准和企业标准四级标准体制。上级标准是制定下级标准的依据，下级标准是对上级标准的补充，各级标准之间不得相抵触。这四级标准不是平行的，而是以国家标准为主体。国家标准和行业标准都是全国性标准。在内容上一般企业标准的一些技术指标严于地方、行业、国家标准。

（4）食品标准化建设　为在一定的范围内获得最佳秩序，对实际的或潜在的问题制定共同的和重复使用的规则的活动，称为标准化。包括制定、发布及实施标准的过程。标准化的重要意义是改进产品、过程和服务的适用性，防止贸易壁垒，促进技术合作。"通过制定、发布和实施标准，达到统一"是标准化的实质。标准化的目的是"获得最佳秩序和社会效益"。将食品加工科技成果和多年的生产实践经验相结合，制定成文字简明、通俗易懂、逻辑严谨、便于操作的技术标准和管理标准，向企业或农民推广，以生产出优质、标准、高产的产品。同时能保护生态环境，实现可持续发展。食品标准化是标准的实施与推广，是标准化生产企业的建设与扩展，由点及面，逐步推进，最终实现生产的标准化。同时，标准的实施与推广还必须有完善的质量监督体系和食品质量评价和认证体系。

标准体系是基础，只有建立健全产前、产中、产后等各个环节的标准体系，食品生产才有章可循、有标可依；质量监测体系是保障，它为有效监督食品加工原料和食品产品质量提供科学的依据；产品评价认证体系的作用是评价食品加工状况、监督食品标准化进程、促进实施食品品牌名牌战略。三体系是一个有机整体，互为作用，缺一不可。

3. 我国国家标准是怎样制定出来的？

我国国家标准制定程序划分为九个阶段：预阶段、立项阶段、起草阶段、征求意见阶段、审查阶段、批准阶段、出版阶段、复审阶段、废止阶段。

对下列情况，制定国家标准可以采用快速程序：

（1）对等同采用、等效采用国际标准或国外先进标准的标准制（修）订项目，可直接由立项阶段进入征求意见阶段，省略起草阶段。

（2）对现有国家标准的修订项目或中国其他各级标准的转化项目，可直接由立项阶段进入审查阶段，省略起草阶段和征求意见阶段。

4. 我国现行标准存在哪些问题？

标准制定部门分散：我国现行食品标准由国家标准委员会、农业部、发改委、商务部、卫生部、食品药品监督管理局等多部门起草，管理体系相对松散，国家标准之间不统一，行业标准与国家标准存在交叉、矛盾和重复等不协调问题。

部分关键食品标准缺失：缺乏食品生产、加工、流通环节所涉及的成套标准，某些与食品安全有关的如农药兽药残留、抗生素限量等指标不完整或缺失。

标准老龄化亟待更新：我国现有标准中，有1/2标准具有5年以上标龄，1/4标准具有10年以上标龄，个别标准已超过20年从未修订。

食品安全标准匮乏：现行食品标准中缺乏针对污染物限量、食品添加剂使用、专供婴幼儿和其他特定人群的食品营养成分、食品检验方法等与食品安全有关的标准。

5. 如何读懂食品包装上的标准标签？

作弊标签类型：

谜语型标签：根本没有企业名称，把厂名写为地名，产地写为县名，或只标注某国出品等。

戏法型标签：大包装里分装若干小包装，小包装上不标明产地、生产日期、保质期。过期的大包装食品被商家拆掉其包装，当成零散食品出售。

弹性型标签：标签上将保质期标注为某上限至某下限，厂家、经销商即可有余地为其商品质量辩解。

国家标准的代号和编号：

GB	××××× －	××××
强制性国家标准代号	标准发布顺序号	标准发布年号

GB/T	××××× －	××××
推荐性国家标准代号	标准发布顺序号	标准发布年号

行业标准的代号和编号：

××	××××× －	××××
强制性国家标准代号	标准发布顺序号	标准发布年号

××/T	××××× －	××××
推荐性国家标准代号	标准发布顺序号	标准发布年号

地方标准代号与编号：

DB	××	××× －	××××
强制性地方标准代号	地方代码	标准发布顺序号	标准发布年号

DB××/T	××	××× －	××××
推荐性地方标准代号	地方代码	标准发布顺序号	标准发布年号

企业标准代号：

Q/×××	×××－	××××
企业标准代号	标准发布顺序号	企业标准发布年号

随意型标签：有些袋装食品上，生产日期或保质期标注不全，另有部分食品的生产日期、保质期字迹模糊，难以确认。

6. 无公害食品标准、绿色食品标准和有机食品标准分别是什么？

有机食品、绿色食品、无公害食品三者都关注环境保护和食品安全，都要实施全程质量控制，特别是有机食品更强调从种植、养殖到贮藏、加工、运输和销售各个环节实施全程质量控制，即实施从土地到餐桌的质量保证体系，而且三者都必须由国家认可的认证机构认证。

无公害食品标准包括无公害食品产地环境要求以及无公害蔬菜、水果、畜禽肉和水产品安全要求。无公害蔬菜是指蔬菜中有毒有害物质控制在标准（GB 18406.1）规定之内的商品蔬菜；无公害水果是指水果中有毒有害物质含量控制在标准（GB 18406.2）规定限量范围内的商品水果；无公害畜禽肉产品是指在符合无公害畜禽肉产地环境评价要求的条件下生产的，其有毒有害物质含量在国家法律、法规及有关强制性标准规定的安全允许范围内，并符合 GB 18406.3 的畜禽肉产品，包括鲜（冻）畜禽肉产品。有毒有害物质限量是指畜禽肉产品中重金属、亚硝酸盐、农药兽药（包括其代谢产物）允许存在的最高量；无公害水产品是指有害或有毒物质或残留量控制在安全要求允许范围内，符合 GB 18406.4 标准的水产品。

绿色食品标准内容主要包括绿色食品产地环境质量标准、绿色食品生产技术标准、绿色食品产品标准、绿色食品包装标签标准、绿色食品贮藏和运输标准、绿色食品其他相关标准。这些标准对绿色食品产前、产中、产后全过程质量控制技术和指标做了全面的规定，构成了一个科学、完整的标准体系。A 级绿色食品系指在生态环境质量符合规定标准的产地，生产过程中允许限量使用限定的化学合成物质，按特定标准，并经专门机构认定，许可使用 A 级绿色食品标志的产品。AA 级绿色食品系指在生态环境质量符合规定标准的产地，生产过程中不使用任何有害化学合成物质，按特定的生产操作规程生产、加工，产品质量及包装经检测、检查符合特定标准，并经专门机构认定，许可使用 AA 级绿色食品标志的产品。

有机食品是纯天然、无污染、安全营养的食品，也可称为"生态食品"。是根据有机农业原则和有机农产品生产方式及标准生产、加工出来的，并通过有机食品认证机构认证的农产品。原则是，在农业能量的封闭环境状态下生产，全部过程都利用农业资源，而不是利用农业以外的能源（化肥、农药、生产调节剂和添加剂等）影响和改变农业的能量循环。有机农业生产方式是利用动物、植物、微生物和土壤四种生产因素的有效循环，不打破生物循环链的生产方式。要求在有机食品的原料生产（包括作物种植、畜禽养殖、水产养殖等）加工、贮藏、运输、包装、标识、销售等过程中不违背有机生产原则，保持有机完整性，从而生产出合格的有机产品。在动植物生产过程中不使用化学合成的农药、化肥、生长调节剂、饲料添加剂等物质，以及基因工程生物及其产物，而是遵循自然规律和生态学原理，采取一系列可持续发展的农业技术，使种植业和养殖业平衡，维持农业生态系统持续稳定的一种农业生产方式。

观点和声音

食品标准不能"内外有别"

食品安全标准的制定"宜高，不宜低"

食品安全标准的出台需具公信力

标准制定应去掉企业声音

深度阅读

中国食品工业标准汇编，中国标准出版社，2009.11.01

江苏省标准化研究院，江苏省 WTO/TBT 通报咨询中心，国外农业、食品技术法规标准目录总览 2007，中国标准出版社，2007.10. 01

国内外食品添加剂使用规范和限量标准编委会，国内外食品添加剂使用规范和限量标准，中国标准出版社，2007.08.01

相关链接

国家标准化管理委员会
http://www.sac.gov.cn/
中国标准化研究院
http://www.cnis.gov.cn/
中国标准信息网
http://www.chinaios.com/
中国标准服务网
http://www.cssn.net.cn/
标准分享网
http://www.bzfxw.com/

六、食品安全控制体系

1. 什么是危害分析和关键控制点（HACCP）？

HACCP 是一种对食品安全性影响显著的危害予以识别、评价和控制的体系。它的产生与发展与现代食品安全相关，欧美发达国家是 HACCP 发展与应用的先锋，国际贸易的发展促进了 HACCP 在全球水产业的推广应用。

HACCP 方式与历来依靠对最终制品进行检验的品质卫生管理方法不同，而是从原料的种植、饲养开始，至最终产品达到消费者手中，对这期间各阶段可能产生的危害进行确认、防止，并加以管理的方式。

HACCP 体系是建立在现代食品安全系统上的指导性的基本准则，是一种系统的、有效的、合理的食品安全预防性方案，与食品生产的过程有关。

（1）HACCP 的概念　HACCP 是一项国际认可的技术和食品安全体系，是生产（加工）安全食品的一种控制手段；对原料、关键生产工序及影响产品安全的人为因素进行分析，确定加工过程的关键环节，建立、完善监控程序和监控标准，采取规范的纠正措施。

目的是希望公司或生产商能通过此系统来降低，甚至防止各种类型的食品污染（共有三种类型的危害：微生物性、化学性和物理性的危害，其中以微生物性危害最大，也是最常导致问题的发生）。它也是一套分析在食物生产过程中可能涉及的危害，并加以控制来预防产生危害的体系。

HACCP 主要通过识别风险，建立控制点，设定控制限度，执行前对控制措施进行验证，确认并加以监控等来达到目的。

（2）使用 HACCP 的目的　近年来，食品的质量及安全性引起了广泛的注意。国际和国内许多食品的安全问题频繁曝光，如欧洲的疯牛病、亚洲的口蹄疫、美国的李斯特菌病和沙门氏菌病、中国的"杀人奶粉"导致婴儿的畸形和死亡、含工业染料及工业明胶的白腐竹、含剧毒农药的金华火腿等，这些食品的祸害令人不寒而栗。食品供应链的安全没有经过仔细的审查。

消费者越来越了解与食品有关的问题，法律也越来越积极保护食品的安全，配合国际上和国内对质量保证的重视，消费者对以下三方面的要求十分严格：

①食品的安全性。

②质量的稳定性。

③物有所值。

④中国的食品业离 HACCP 有多远。近年来，全世界对食品安全的日益关注，以及经济的全球化推动了 HACCP 体系认证的不断发展。我国加入WTO 后食品业拓展市场的最大障碍将不是关税，也不是知识产权，而是食品安全卫生。

目前，美国、欧盟已立法强制性要求食品生产企业建立和实施 HACCP 体系，日本、加拿大、澳大利亚等国家食品卫生当局也已开始要求本国食品企业建立和实施 HACCP 体系。我国也将食品安全问题列入《中国食品与营养发展纲要》，并强制要求罐头、水产品、肉及肉制品、速冻蔬菜、果蔬汁、含肉或水产品的速冻方便食品等六类食品出口企业必须建立 HACCP 食品安全体系。某些著名食品生产营销企业如麦当劳、肯德基、家乐福等，也开始以 HACCP 作为考核供应商的重要条件。这就使得HACCP 成为食品企业竞争国际市场的一张"通行证"。

（3）HACCP 的效益

①维护企业声誉，增强品牌效应。

②树立顾客对产品的信心：HACCP 控制质量，产品更具竞争性并为消费者提供食用安全保证。

③具有良好的经济效益。

④符合法规及市场的需求。

⑤减少责任的发生。

⑥内部过程改善：通过预防措施减少损失，减轻一线工人的劳动力，提高工作效率。

⑦减少顾客审核的次数。

（4）HACCP的七项主要原则

①进行危害分析。

②确定关键控制点（CCP）。

③确定关键控制限。

④监控每一个关键控制点。

⑤当关键控制点失控时，决定应采取的纠正措施。

⑥建立验证程序确保HACCP体系能有效地运行。

⑦建立有关程序及记录的文件体系，以配合上述原则的应用。

2. 什么是良好操作规范（GMP）？

良好操作规范（good manufacturing practices，GMP）是企业为生产符合食品标准或食品法规的产品所必须遵循的、经食品卫生监督管理机构认可的强制性作业规范。良好操作规范是政府强制性的食品生产、贮存卫生法规。

广义上讲：指政府制定颁布的强制性食品生产、包装、贮存等方面的卫生法规。

狭义上讲：一个生产步骤的组合，着重与卫生管理和预防产品交叉污染，要求具备合理的生产过程、良好的生产设备和环境设施、完善的质量管理。

GMP是对食品生产、包装、贮藏卫生制定的法规，保证食品安全的质量管理体系；要求食品企业应具备合理的生产过程、良好的生产设备、正确的生产知识、完善的质量控制和严格的管理体系；是食品生产企业实现生产工艺合理化、科学化、现代化的首要条件。

GMP是一种包括4M管理要素的质量保证制度，即选用符合规定要求的原料，以合乎标准的厂房设备，由胜任的人员，按照既定的方法制造出品质既稳定又安全卫生的产品的一种质量保证制度。

GMP的三大目标要素：①降低食品制造过程中人为的错误；②防止食品在制造过程中遭受污染或品质劣变；③要求建立完善的质量管理体系。

我国GMP以CAC制定的《食品卫生通则》为根本，各国制定的GMP法规为依据，参照我国的《食品卫生法》进行制定。卫生部共颁布了20个国标GMP，其中一个通用规范，19个食品加工企业卫生规范。

主要内容包括：原辅料采购、运输及贮藏过程中的要求；工厂设计与设施的卫生要求；工厂的卫生管理；生产过程的卫生要求；卫生和质量检验的管理；成品贮存、运输的卫生要求；个人卫生与健康的要求。

3. 什么是卫生标准操作程序（SSOP）？

卫生标准操作程序（sanitation standard operation procedure，SSOP）食品加工企业为了达到良好操作规范而制定的实施细则。

食品企业为了满足食品安全的要求，在卫生环境和加工过程等方面所需实施的具体卫生保持程序；是食品企业明确在食品生产中如何做到清洗、消毒、卫生保持的指导性文件。主要涉及以下几个方面：

与食品或食品表面接触的水的安全；与食品表面接触的卫生状况和清洁程度；繁殖发生交叉污染；手的清洗和消毒设施及厕所设施的维护；避免食品被污染物污染；有毒化学物质的适当保存、处理；职工健康状况的控制；防蝇灭鼠。

SSOP 文本是：描述在工厂中使用的卫生程序；提供这些卫生程序的时间计划；提供一个支持日常监测计划的基础；鼓励提前做好计划，以保证必要时采取纠正措施；辨别趋势，防止同样问题再次发生；确保每个人，从管理层到生产工人都理解卫生（概念）；为雇员提供一种连续培训的工具；显示对买方和检查人员的承诺，以及引导厂内的卫生操作和状况得以完善提高。

4. 出口食品生产企业卫生注册登记管理规定有哪些？

我国官方出入境检验检疫机构对我国国内出口食品加工业、国外输华食品加工企业实施的卫生注册登记管理制度（sanitary registration for factories/storehouse of food for export）。是为了加强出口食品生产企业食品安全卫生管理，规范出口食品生产企业备案管理工作，依据《中华人民共和国食品安全法》、《中华人民共和国进出口商品检验法》及其实施条例等有关法律、行政法规的规定，制定的该规定。

由 2002 年国家质量监督检验检疫总局对出口食品生产、加工、贮存企业（以下简称出口食品生产企业）实施卫生注册、登记制度发布的规定。自 2011 年 10 月 1 日起施行。原国家质量监督检验检疫总局 2002 年 4 月 19 日公布的《出口食品生产企业卫生注册登记管理规定》同时废止。

该规定主要涉及以下几点内容：①在我国首次将 HACCP 体系以政府管理的形式提出了对食品安全管理的要求；②强化企业的自控体系运行；③强化政府管理部门的监管；④强化原料的

控制；⑤提高人员素质；⑥强调产品追溯性（强化记录）。

主要意义：食品安全重大问题的出现需要加强对食品安全的控制，同时作为 WTO 的正式成员，对于出口产品的质量把关，保证产品的安全性，是对外贸易发展的需要。

5. 什么是 ISO9000 族标准？

一般的讲，组织活动由三方面组成：经营、管理和开发。在管理上又主要表现为行政管理、财务管理、质量管理等。ISO9000 族标准主要针对质量管理，同时涵盖了部分行政管理和财务管理的范畴。

ISO9000 族标准并不是产品的技术标准，而是针对组织的管理结构、人员、技术能力、各项规章制度、技术文件和内部监督机制等一系列体现组织保证产品及服务质量的管理措施的标准。

具体地讲，ISO9000 族标准就是在以下四个方面规范质量管理：

（1）机构　标准明确规定为了保证产品质量而必须建立的管理机构及职责权限。

（2）程序　组织的产品生产必须制定规章制度、技术标准、质量手册、质量体系操作检查程序，并使之文件化。

（3）过程　质量控制是对生产的全部过程加以

控制，是面的控制，不是点的控制。从根据市场调研确定产品、设计产品、采购原材料，到生产、检验、包装和储运等，其全过程按程序要求控制质量，并要求过程具有标识性、监督性、可追溯性。

（4）总结　不断地总结、评价质量管理体系，不断地改进质量管理体系，使质量管理呈螺旋式上升。

ISO9000：2000 版标准提出的八项质量管理原则是：

①以顾客为关注焦点。

②领导作用。

③全员参与。

④过程方法。

⑤管理的系统方法。

⑥持续改进。

⑦基于事实的决策方法。

⑧与供方互利的关系。

ISO9000 质量管理体系认证的意义：企业组织通过 ISO9000 质量管理体系认证具有如下意义：

①可以完善组织内部管理，使质量管理制度化、体系化和法制化，提高产品质量，并确保产品质量的稳定性。

②表明尊重消费者权益和对社会负责，增强消费者的信赖，使消费者放心，从而放心地采用其生

产的产品，提高产品的市场竞争力，并可借此机会树立组织的形象，提高组织的知名度，形成名牌企业。

③ISO9000 质量管理体系认证有利于发展外向型经济，扩大市场占有率，是政府采购等招投标项目的入场券，是组织向海外市场进军的准入证，是消除贸易壁垒的强有力的武器。

④通过 ISO9000 质量管理体系的建立，可以举一反三地建立健全其他管理制度。

⑤通过 ISO9000 认证可以一举数得，非一般广告投资、策划投资、管理投资或培训可比，具有综合效益；还可享受国家的优惠政策及对获证单位的重点扶持。

2000 版标准四个标准组成：

①ISO9000 作为选用标准，同时也是名词术语标准，即 94 版 ISO9000 - 1 标准与 ISO8402 的结合。

②ISO9001 标准代替 94 版三个质量保证模式，例如 94 版 ISO9002 标准获证的组织在复审时，允许对 2000 版 ISO9001 标准进行删剪。

③ISO9004 标准代替 94 版 ISO9004 - 1 多项分标准。

④ISO/CD. 119011 标准代替 94 版 ISO10011 标准和 94 版环境 ISO14010、ISO14011、ISO14012。

6. GMP、SSOP、HACCP、SRFFE 及 ISO9000 之间的关系是怎样的？

GMP——良好操作规范（good manufacturing practice），一般是指规范食品加工企业硬件设施、加工工艺和卫生质量管理等的法规性文件。企业为了更好地执行 GMP 的规定，可以结合本企业的加工品种和工艺特点，在不违背法规性 GMP 的基础上制定自己的良好加工指导文件，GMP 所规定的内容，是食品加工企业必须达到的最基本的条件。

SSOP——卫生操作标准程序（sanitation standard operation procedure），指企业为了达到 GMP 所规定的要求，保证所加工的食品符合卫生要求而制定的指导食品生产加工；过程中如何实施清洗、消毒和卫生保持的作业指导文件。

HACCP——危害分析和关键控制点（hazard analysis critical control point），是指导食品安全危害分析及其控制的理论体系，主要包括 7 个原理。

HACCP 体系——食品加工企业应用 HACCP 原理建立的食品安全控制体系。

SRFFE——我国官方出入境检验检疫机构对国内出口食品加工企业、国外输华食品加工企业实施的卫生注册登记管理制度（sanitary registration for factories / storehouse of food for export)。

ISO9000——国际标准化组织（ISO）制定和通过的指导各类组织建立质量管理和质量保证体系的系列标准，这些标准被统称为 ISO9000 族标准。

ISO9000 质量体系——各类组织按照 ISO9000 族标准建立的质量管理和质量保证体系。

（1）GMP 与 SSOP 的关系　SSOP 指企业为了达到 GMP 所规定的要求，保证所加工的食品符合卫生要求而制定的指导食品生产加工过程中如何实施清洗、消毒和卫生保持的作业指导文件，它没有 GMP 的强制性，是企业内部的管理性文件。

GMP 的规定是原则性的，包括硬件和软件两个方面，是相关食品加工企业必须达到的基本条件。SSOP 的规定是具体的，主要是指导卫生操作和卫生管理的具体实施，相当于 ISO9000 质量体系中过程控制程序中的"作业指导一份书"；制定 SSOP 计划的依据是 GMP，GMP 是 SSOP 的法律基础，使企业达到 GMP 的要求，生产出安全卫生的食品是制定和执行 SSOP 的最终目的。

（2）GMP、SSOP 与 HACCP 的关系　根据 CAC/RCPI‑1969，Rev. 3（1y97）附录《HAC-CP 体系和应用准则》和美国 FDAHACCP 体系应用指南的论述，GMP、SSOP 是制定和实施 HACCP 计划的基础和前提。没有 GMP、SSOP，

实施 HACCP 计划将成为一句空话；SSOP 计划中的某些内容也可以列入 HACCP 计划内加以重点控制。

GMP、SSOP 控制的是一般的食品卫生方面的危害，HACCP 重点控制食品安全方面的显著性的危害；仅仅满足 GMP 和 SSOP 的要求，企业要靠繁杂的、低效率和不经济的最终产品检验来减少食品安全危害给消费者带来的健康伤害（即所谓的事后检验）；而企业在满足 GMP 和 SSOP 的基础上实施 HACCP 计划，可以将显著的食品安全危害控制和消灭在加工之前或加工过程中（即所谓的事先预防）；GMP、SSOP、HACCP 的最终目的都是为了使企业具有充分、可靠的食品安全卫生质量保证体系，生产加工出安全卫生的食品，保障食品消费者的食用安全和身体健康。

（3）SRFFE 与 GMP、SSOP、HACCP 的关系 SRFFE 是我国进出口食品卫生注册登记管理制度的简称。它包含了对进出口食品加工企业实施卫生注册制度的法律依据，卫生注册登记的申请、考核、审批、发证、日常监管、复查程序、卫生注册登记代号的管理等内容。

SRFFE 中的卫生注册登记企业的卫生要求和卫生规范，相当于我们上面讲到的 GMP，是企业制定 SSOP 计划的依据，也就是说，卫生注册登记是

HACCP 的前提和基础。

SRFFE 中的食品加工企业卫生注册，包括国内注册和国外注册（对外注册）。对外注册的评审、监管依据除了包括我国规定的"卫生要求"外，主要依据进口国的强制性规定。

而像美国、欧盟等国家的强制性要求中就包含了实施 HACCP 计划。因此，从某种意义上说，HACCP 是 SRFFE 的组成部分，也就是说，我们正在进行的对食品加工企业实施 HACCP 验证，是卫生注册登记的一部分，或者说是卫生注册登记的延续。

（4）SRFFE 与 ISO9000 质量体系的认证关系 SRFFE 是指我国现行的进出口食品加工企业注册登记管理制度，它规定的是进出口食品加工企业如何申请卫生注册登记，申请企业应达到什么样的条件和管理水平，出入境检验检疫机构如何接受申请、对申请企业进行评审、审批、发证、监管、年审、卫生注册登记代号如何管理等内容。它是我国实施的强制性的政府管理制度：SRFFE 的评审、发证方是政府机构，被评审方是出口食品加工企业和有关的国外输华食品加工企业。

ISO9000 质量体系认证是在任何组织自愿在其组织的内部按 ISO9000 族标准建立质量管理和质量保证体系后向具有相应认证资格的机构提出申请的

基础上，相关认证机构对申请人组织的审核、发证、跟踪验证等活动的总称。也就是说，认证方以相应的证书证明并保证被认证方的质量控制和质量保证过程符合 ISO9000 族标准中的特定标准的要求所进行的申请受理、审核、跟踪验证、发证等程序。ISO9000 质量体系认证的认证方是独立于有关各方（供方和顾客）的、专门从事审核、发证的第三方（如 cQc），被认证方是任何自愿接受认证审核的组织（工业企业、服务企业、事业单位、政府机关等）。ISO9000 质量体系认证完全建立在自愿的基础上。

SRFFE 中的《出口食品卫生要求》和各类卫生注册规范中，均引入了 ISO9000 质量体系的部分概念，特别是在质量文件的建立方面更是如此，出入境检验检疫机构鼓励企业按照 ISO9000 族标准建立完善的质量管理和质量保证体系；SRFFE 强调了从环境、车间设施、加工工艺到质量管理等各方面的要求，ISO9000 质量体系侧重于文件化的管理，使各项工作更具严密性和可追溯性。因此 SRFFE 和 ISO9000 的质量体系认证可以相互促进。另外，SRFFE 中涉及的文件、质量记录与 ISO9000 质量体系中的质量文件和质量记录具有一致性，因此出口食品卫生注册登记企业建立 ISO9000 质量体系时，不应建立成两套相互独立的质量体系文件，而应将其建立成一个有机整体。

（5）ISO9000 与 GMP、SSOP、HACCP 的关系

GMP 规定了食品加工企业为满足政府规定的食品卫生要求而必须达到的基本要求，包括环境要求、硬件设施要求、卫生管理要求等。在其管理要求中也对卫生管理文件、质量记录做了明确的规定，在这方面，GMP 与 ISO9000 的要求是一致的。SSOP 是依据 GMP 的要求而制定的卫生管理作业文件。相当于 ISO9000 过程控制中有关清洗、消毒、卫生控制等方面的作业指导书。

HACCP 是建立在 GMP、SSOP 基础上的预防性的食品安全控制体系。HACCP 计划的目标是控制食品安全危害，它的特点是具有预防性，将安全方面的不合格因素消灭在过程之前。ISO9000 质量体系时强调限度满足顾客要求的、全面的质量管理和质量保证体系，它的特点是文件化，即所谓的"怎么做就怎么写、怎么写就怎么做"，什么都得按文件上规定的做，做了以后要留下证据。对不合格产品，它更加强调的是纠正。

从体系文件的编写上看，ISO9000 质量体系是从上到下的编写次序，即质量手册、程序文件、其他质量文件；而 HACCP 的文件是从下而上先有 GMP、SSOP、危害分析，最后形成一个核心产物，即 HACCP 计划。

事实上 HACCP 所控制的内容是 ISO9000 体系

中的一部分，食品安全应该是食品加工企业ISO9000质量体系所控制的质量目标之二，但是由于ISO9000质量体系过于庞大，而且没有强调危害分析的过程，因此仅仅建立了ISO9000质量体系的企业往往会忽略食品安全方面的预防性控制；而HACCP则是抓住了重点中的重点，这充分体现出了HACCP体系的高效率和有效性。另外，从目前来看，HACCP验证多数是政府强制性要求，而ISO9000认证则完全是自愿行为。

（6）如何将SRFFE、GMP、SSOP、HACCP、ISO9000等结合成一个有机整体？要实现这一目标，必须建立在一个出口食品加工企业已经获得注册代号，既申请了ISO9000质量体系认证，又申请了HACCP验证的基础之上，如果少了一项，就不必讨论这一问题（表6-1）。

SRFFE、GMP、SSOP与ISO9000的结合应该相对容易，因为企业只要满足了《出口食品卫生要求》和相应的食品加工企业注册卫生规范，那么，它的质量文件的编写完全可以按照ISO9000的要求进行，也就是说，SRFFE中对质量体系文件的要求完全融入体系文件之中。这是完全可以被所有企业所接受的。SRFFE不排斥ISO9000，但ISO9000质量体系认证绝对不能代替SRFFE。

①ISO9000与HACCP既相对独立，又完整统一。

②企业将其搞成"两张皮"的现象将彻底解决。

③既满足 ISO9000 质量体系审核的要求,又满足 HACCP 验证的要求。

④使 ISO9000 与 HACCP 优势互补,既有预防性、高效率,又有严密性和可追溯性。

表6-1　SRFFE、GMP、SSOP、HACCP、ISO9000 比较表

GMP	SSOP	HACCP	SRFFE	ISO9000
		科学性、逻辑性强,属质量控制范畴		体系完整,属质量管理范畴
		强调产品质量能满足顾客需求		强调产品产量能满足顾客需求
		企业须依 HACCP 计划要求与法规生产制品,无所选择		企业可在三种标准中依现阶段能力择一适用
		须有"良好操作规范"(GMP)的基础		未规定应用的必备条件
		范围较狭窄,以生产全过程至监控为主		范围较广,覆盖设计、开发、生产、安装与售后服务
		专业性强、适用于食品工业,目前水产品应用较广泛		应用于各种企业
		具特殊监控事项,如病原菌		无特殊监控事项
		逐渐成强制性		自愿性

7. 什么是欧盟的食品质量安全控制体系？

欧盟的食品质量安全控制体系被认为是最完善的食品质量安全控制体系，这个体系采取统一管理、协调、高效运作的架构，强调从"农田到餐桌"的全过程食品安全监控，形成政府、企业、科研机构、消费者共同参与的监管模式；在管理手段上，逐步采用"风险分析"作为食品质量安全监管的基本模式。

（1）食品安全运作的管理机制

①完善的管理体系。欧盟的管理体系由政府或组织间的纵向和横向管理监控体系构成。其中纵向的是指由欧盟委员会成立食品安全的最高管理机构及其下属的分布在各个成员国内部的各个专业管理委员会组成；横向的管理体系是指由若干专业委员会构成的覆盖全面的网络体系，如植物健康常务委员会、兽医常务委员会等。为了统一协调、统一管理，2000年又成立了欧盟食品安全管理局负责监测整个食物链，承担多项重要职能，居于重要的地位。

②全面的标准体系与法律法规。早在1980年欧盟就已经颁布实施了《欧盟食品安全卫生制度》，2000年欧盟又发布了《食品安全白皮书》，将现行各类法规、法律和标准加以体系化。后又提出了

"从田间到餐桌"的全程控制理论，即把田间到餐桌的全过程管理原则纳入卫生政策，强调食品生产者对食品安全所负的职责，并引进 HACCP 体系，要求所有的食品和食品成分具有可追溯性。近年来，陆续制定了《通用食品法》、《食品卫生法》等 20 多部食品安全方面的法规，形成强大的法律体系。

（2）农产品全过程安全管理体系

①农产品生产与加工环节的管理。产地环境管理：首先从法律上规定了各种有毒重金属在农产品中的最高含量。2004 年欧盟制定法律规定了 140 多种禁止使用的农药和添加剂，这些农药和添加剂的残留量不允许在产品中检测出来。另外，对按照标准和原则进行生产的农户给予补贴，进行激励。

农业投入品管理：欧盟对农业投入品的管理分两部分：一是欧盟的监测机构对农产品（食品）进行农药残留检测，并制定了严格的处罚机制，对违规的农场处以重罚，直至禁止其从事农业生产；二是行业协会等自律组织进行自查，各种专业委员会对下属的协会开展技术培训、规定自查措施等。

产中质量监管：在农产品的生产环节中，欧盟推出了良好生产实践指南（即标准化生产规程），农户只要按照指南进行生产即可。

产后质量监管：欧盟采取的措施主要有：所有的加工企业在加工环节必须实施工业产品的标准化

生产方式；所有的加工企业必须采取 HACCP 系统进行自我安全控制，并有非常良好的记录，以供随时检查；所有的农产品加工企业必须注册取得执业资格，只有当局认可的企业才能开工对农产品进行生产加工，否则被视为非法生产；对特殊的农产品，要求通过有机认证。

②市场管理环节。农产品包装管理：欧盟采取包装材料与物体的管理，规定了 10 种可以使用的包装材料，并同时规定凡是用于包装农产品的物体或材料，应在标签上注明"用于食物"或附上"杯与餐叉"的符号。除了要求包装安全外，还要求包装者要根据农产品的性质与特点，选择不同的包装材料，以保证农产品在包装后能够保持原有风味，便于贮存、运输，保质期较长，同时不会引入污染或对环境造成污染。

农产品标志管理：欧盟的农产品标志管理分两部分：一是通用标志，在农产品的标志中必须规定有产品名称、组成成分、净重、有效日期、特殊存储条件或使用条件等内容；二是专项指令要求，就是对农产品的价格标志、农产品成分标志、营养标志、转基因农产品与饲料标志、有机农产品标志、牛肉标志等进行专项管理。

农产品追溯制度：欧盟主要建立了畜禽动物的可追溯系统和转基因产品的可追溯系统。要求所有的农产品生产、加工企业必须注册，以便采取严格的登记制度；所有的生产和加工企业必须严格按照HACCP体系进行生产和加工，并有非常完整的记录；所有上市的农产品必须有严格的标志管理，所有生产信息记录在标志中；严格的检测手段和快速检测方法；严厉的处罚制度，或生产者如何从市场上撤回对消费者卫生存在着严重危害的产品的程序。

③市场准入制度。欧盟有严格的市场准入制度。具体包括：严格执行动植物卫生检验检疫标准，提高进入门槛；农产品的质量、技术标准、标签和包装的检验检疫必须合格；实施新型的"绿色壁垒"，即进口的农产品必须符合生态环境和动物福利标准；实施所谓的新技术标准，对诸如转基因产品实施更加严格的准入门槛。此外，欧盟还通过制定农药残留指标、农产品生产的标准等措施保证其食品安全。

观点和声音

加强食品原料源头管理，完善食品安全控制体系
李蓉（2011两会委员）：我国应加快食品安全控制体系建设

深度阅读

《食品安全管理体系对生物危害的预防与控制指南》，李莉，李桂生，2010

《食品安全体系规范（HACCP）》

《食品安全控制体系 HACCP 通用教程》，李怀林，2002

《食品安全法规与标准》，马丽卿，王云善，付丽，2009

相关链接

食品安全国家标准网
http://www.chinafoodsafety.net/
中国疾病预防控制中心
http://www.chinacdc.cn/
世界卫生组织
http://www.who.int/

七、食品安全风险防范——科学统筹的社会民生系统工程

　　国以民为本，民以食为天，食以安为先。但近年来，食品安全事故屡屡发生，"瘦肉精"、"硫黄姜"、"染色馒头"、"三聚氰胺奶粉"等一件件触目惊心的食品安全事件刺激着人们日益敏感、脆弱的神经，食品安全日益成为百姓关注的焦点。健康是公民的基本权利，政府有责任将这种权利落实到每一个群体、每一个人。对食品安全的风险防范便越发突出其重要位置，它关乎公众的健康与生命安全，同时影响社会稳定、经济发展和国家形象。在食品工业现代化、生态环境演变化、贸易流通全球化的新形势下，做好食品安全工作，需要在对风险因素精确掌握的基础上，解决当下问题，预判未知情况，反思过往缺失，并不断吸收、借鉴其他国家发展过程中的教训和经验，从法制、体制、机制的保障、标准、检验、督查的实施、全社会的广泛参与和迅速应对等方面保持高压态势做好防范工作，从而实现全面构建食品安全风险防范体系，有效提高食品安全的水平，不断增强公众对食品安全的信心，稳

步推进我国国民经济的健康、协调和可持续发展，服务于建设社会主义和谐社会。

1. 食品安全中的风险因素有哪些？

近年来，食品安全事故层出不穷，甚至呈现集中暴发的态势。当然，这与我国加强对食品安全的监管不无关系，一些严重影响了百姓生命安全和健康的食品安全事件被披露并查处，同时也反映了在很长一段时期内积累了许多的食品安全风险隐患。食品不安全因素究竟有哪些？这是我们首先需要清楚的事情，这对于我们提出解决食品安全难题的对策、不断构建完善食品安全风险防范体系具有重大意义。

食品安全问题是当今世界的普遍问题，任何国家都不可能做到"零风险"，从当前不断涌现的食品安全事故情况来看，中国食品安全风险隐患主要表现为在食源造假、添加泛滥等人为污染行为，生产中安全标准缺失，流通中职能部门认证模糊、监管乏力，生活中人们缺乏食品安全意识和技能等。此外，新产品、新技术及新的产销方式给食品安全带来了潜在威胁，食品安全科技成果和技术储备不足，也将制约我国应对食品安全风险的能力。

从生产环节来看，老百姓深恶痛绝的食品造假问题，19世纪早期曾经在发达国家大量出现过，随着食品的化学化、工业化发展和食品加工、销售企业的增加，有意的食品掺假一直是世界各国政府面临的严重问题。直到 1920 年前后，法规的压力和有效的检测方法才将故意进行食品掺假的出现频率和严重性控制到可以接受的水平，而掺假与反假的斗争始终没有停止过。我国虽然已经经过 30 多年的改革开放和经济发展，但产业素质总体偏低，生产方式仍相对落后，增长方式依旧低效，企业管理自律能力较低。我国登记注册的食品生产加工企业 40 余万家，其中 10 人以下的小作坊、小工厂占 80%，种植养殖环节依靠的还是 2 亿多分散的农户。企业多且散、规模小、产品分级和包装技术水平低，甚至根本不具备生产合格产品的必备条件。企业主体责任不落实，对食品质量安全缺乏关切，投机取巧、恶性竞争给了唯利是图的不法分子可乘之机，明知故犯，使用有毒、有害物质生产经营食品的事件屡禁不止。而在食品的贮存、运输和销售过程中，由于原料受到环境污染、杀菌不彻底、贮运方法不当及不注意卫生操作等原因，更加重了食品细菌和致病菌超标，产生涉及面最广、影响最大、问题最多的污染。

违法、违规、泛滥使用各类添加剂是当前影响食品安全的又一突出问题。添加剂能使食品延长保质期，产品一致性好，在数量扩张型经济增长阶段，对食品工业的发展起了重要作用。但利用禁止添加、超量、超范围添加并改变食品色、香、味特性来生产食品牟取暴利，使之从对食品的修饰到用于制假、售假，严重地危害了食品安全，同时阻碍了质量效益型的经济增长，客观上也造成了质量控制和政府监管的难度相应增加。

近年来，我国的食品安全标准经过不断的修订与增补，逐步走向科学、合理、严格和实用。但是，一些食品安全标准的制定没有以风险评估为基础，标准的科学性和可操作性都亟待提高。绝大多数食品标准还属于非常具体的质量指标与卫生安全指标相混合的食品标准，标准的制定往往偏重对食品中可能存在的有害物质进行限制，而无法对不明添加物进行明确的规定，这为检测监管工作留下了隐患，消费者也缺乏判断依据。食品安全标准体系、检验检测体系、认证认可体系等方面还存在不足。标准体系仍不完善，很多重要标准尚未制定出来。相当一部分标准远低于国际标准。同时，食品认证体系多头管理、多重标准、重复认证、重复收费等问题还没有解决，认证体系的作用没有得到应有发挥。

各级政府对食品安全监管负有重要职责，经过多年的实践、改革和发展，我国食品安全法律法规体系逐步建立，2009 年 6 月 1 日《中华人民共和国食品安全法》正式实施，取代实施了 14 年的《中华人民共和国食品卫生法》，表明了我国食品安全从监管观念到监管模式的转变。但食品安全法律法规相互间的协调和配套性、可操作性仍需要加强，法律的执行过程缺乏规范化和持续性。我国的食品安全管理体制目前实行分段监管为主、品种监管为辅，一个环节由一个部门监管的模式，存在职责不清、政出多门、相互矛盾、管理重叠和管理缺位的现象。监管体制机制的不健全、监管资源的不足与体制的不顺造成无法有效地进行监管。

新产品、新技术及新的产销方式，给国民经济带来新的增长点，但也增加了食品安全不确定的风险。方便食品中，食品添加剂、包装材料与保鲜剂等化学品的使用是比较多的。保健食品不少原料成分作为药物可以应用，但不少传统药用成分并未经过系统的毒理学评价，作为保健食品长期和广泛食用，其安全性值得关注。

长期以来，中国的食品科技体系主要是围绕解决食物供给数量而建立起来的，对于食品安全问题的关注相对较少。目前还没有广泛地应用与国际接轨的危险性评估技术，与发达国家相比，中国现行食源性危害关键检测、食品安全控制技术仍然比较落后，清洁生产技术和产地环境净化技术缺乏且没有得到广泛应用，导致环境污染严重。目前，中国开发新型农药、化肥、兽药、饲料、食品添加剂、调味剂等投入品的能力较弱，缺乏具有自主知识产权的产品。

在食品流通环节的末端，是与食品安全最为直接、密切相关的消费者。消费者的食品安全意识是食品安全的社会基础，消费者具备一定的自我防范技能是有效降低食品安全风险的方法。因此，能否加强对食品安全科学知识和技能的宣传，实现全民食品安全素质提升，是食品安全重要的风险因素。

知识点

食品安全风险监测

食品安全风险监测，是通过系统和持续地收集食源性疾病、食品污染以及食品中有害因素的监测数据和相关信息，并进行综合分析和及时通报的活动。

保障食品安全是国际社会面临的共同挑战和责任。各国政府和相关国际组织在解决食品安全问题、减少食源性疾病、强化食品安全体系方面不断探索，积累了许多经验，食品安全管理水平不断提高，特别是在风险评估、风险管理和风险交流构成的风险分析理论与实践上得到广泛认同和应用。中国于 2009 年 6 月正式实施《食品安全法》，卫生部负责制定、公布食品安全的国家标准。目前已会同有关部门成立了国家食品安全风险评估专家委员会、食品安全国家标准审评委员会，并发布实施了相关的管理规定。同时，全国食品安全风险监测体系也正在建立。陈部长表示，作为发展中国家，中国生产力发展水平仍然较低，多数食品企业规模小、分布广，区域发展不平衡，食品安全监管能力与世界先进水平相比还有一定差距，食品安全风险监测评估和标准基础还较薄弱。中国愿与各国一起为维护全球食品安全做出更大努力，也愿意在构建食品安全交流平台上发挥积极作用。

> 我国已经于 2010 年初通过了《食品安全风险监测管理规定》，对食品安全风险监测第一次进行了法律界定与约束。

2. 为什么要把风险分析放在食品安全防范体系建设的突出位置？

"风险防范远远胜于危机控制"这一原则已经成为食品安全领域最重要的原则，解决食品安全问题，不单是一个政府监管和企业自律的问题，还是一个对食品安全风险及其危害程度进行可能的科学研究与分析评估的过程。

联合国粮农组织和世界卫生组织将包含风险评估、风险管理、风险交流的三位一体风险分析体系向全世界推广使用（图 7-1）。公众社会已逐渐意识到食品安全管理实则就是一种风险管理。按照国际食品法典委员会（CAC）的定义，食品安全风险分析包括风险评估、风险管理与风险交流三部分。风险评估就是对食品安全风险源的识别及其危害程度与可能的定性、定量评价。包括对食品中已知或可能存在物质（包括微生物）的毒理、病理研究及其加入途径、目的分析。风险管理是在风险评估基础上，从降低危害

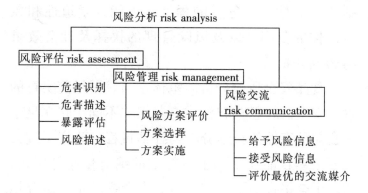

图 7-1 风险分析体系框架图

程度和减少可能两方面实施适当的措施，有效控制食品风险。通常对于食品中已知物质、特性和生产过程、环境的风险管理，采用制定质量、卫生标准，实行食品标签制度，严格实施原（饲）料进货验收、生产关键点控制、产品检测把关，以及卫生条件、卫生防护和从业人员健康等方面的规范与制度，由企业负责组织实施政府监管的方式进行防范。而对于食品中新发现物质和非食用物质的风险管理，则需要政府相关部门、卫生毒理、病理研究机构、食品研究和检测机构及企业的共同努力，及时传达风险信息，做好风险评估，有针对性地采取防范措施消除其危害，并纳入政府部门监管视野。风险交流是在风险评估人员、管理人员、消费者、企业和其他有关团体之间就与风险有关的信息和意见进行相互交流。包括风险的性质、危害的程度、可能、紧迫性和风险延伸的范围，以及风险管理的抉择及社会效果与影响评估等。

食品安全风险分析防范体系与我国目前实行的食品安全监管思路和模式有着根本不同。它立足于对食品危害性的科学分析与评估过程，改变了过去主要依靠食品质量和卫生标准的绝对化监管模式，扭转了合格食品不一定安全，安全食品不一定合格的尴尬局面；它将已知风险与未知风险监管有机地结合起来，改变了过去仅侧重于对已知风险监管的模式，扭转了有标准、规范则管，无标准、规范不管或无法管的被动局面；它更加明确了政府、研究机构和企业、消费者在食品安全问题上的功能与定位，强调企业对已知风险和人为食品安全问题的绝对责任。消费者反映的食品问题，也不能因为符合标准而忽视。政府更多地将公共资源投入风险评估环节，突出对风险源和风险过程的监管，发挥技术机构对企业生产执行规范、制度的评审监督作用，建立预防机制；风险分析防范体系更加注重政府、专家、企业、消费者及社会各界的风险信息交流。一方面确保风险信息及时传达到风险评估机构进行分析评判，为风险控制提供决策依据和选择；另一方面确保评估结果准确传达到政府部门妥善实施风险控制，并科学地传达到消费者，使人们正确认识和处理食品安全风险，既保障人身健康安全，又避免出现不必要的恐慌。

我国应加大在国内食品行业的风险分析体系应用性普及，从把关、设限、溯源、布控等多环节入手，分阶段、有选择地深入研究，在最大限度上，将食品安全问题的可能性危险因素调整在可控范围内，以确保国内人民大众的健康需要。

3. 如何科学统筹完成食品安全风险防范系统工程建设？

食品安全是长期的、复杂的、艰巨的综合性社会问题，需要科学统筹系统性的解决办法。要在法制的环境下，把消费者的认知、生产者对质量的控制、媒体的舆论监督和政府部门的有效管理有机地结合起来，一个都不能少，一个都不能弱。

法律法规隶属社会现实领域，虽然表现方式是一些专用语言形式和特定词汇，然而这些语言事实上已构成了一个清晰的观念，一种坚定的保障。作为与人民健康息息相关的食品行业，食品安全更是一个法律概念，其相关的法律法规的颁布与执行格外受到社会的关切，必须在完善现有相关法规的基础上，努力构建科学完善的法律保障体系，这也是世界上许多国家普遍共有的做法。目前，我国有关食品安全的法律法规不少，但总体上还缺乏一部统一的、基础性的、综合性的食品安全法律。因此，必须按照实际需求进行清理和修订。在此基础上，逐步建立多层次、分门类的综合性食品安全监管法律体系，使其形成囊括立法、执法、监管、行政处罚等在内的综合性系统。同时，还应积极加强与国际食品法典委员会的合作，使法律体系整体上把握全球食品安全的总体趋势，借鉴国外先进立法经验和管理制度，摈弃经验式、总结式的立法模式，实行超前立法，避免法律规范的滞后性。同时不断明确各职能部门在法律体系中的地位和作用，做到相互协调和补充，减少法律交叉，降低执法成本。此外，继续加大惩罚力度，提升对涉及食品安全领域犯罪的预期成本，才能有效遏制恶性食品安全行为的发生。

针对目前我国食品安全监管体制中多头监管、权责不清的弊病，必须进一步整合相关管理机构，在国家层面上建立一个高度权威的、负有完整行政管理职责的综合监管机构。使其在领导全国食品安全管理工作、收集与分析食品安全信息、制定整体的食品安全政策、组织各部门制定和修改全国食品安全长期发展规划和年度发展计划等方面发挥积极作用。《食品安全法》中食品安全委员会的条款规定意味着这一措施目前已进入实质阶段。然而，食品监管主体机构的设置只能算对目前体制的一种变通，多头监管的弊端仍然存在，在实际操作上也面临许多困难。

在法制、体制保障的基础上，要不断构建全方位的食品安全监控机制，包括食品安全预警机制、质量安全标准机制、食品安全检测机制、食品安全流通机制、食品安全信用机制五个方面。

食品安全预警机制要求食品安全监管部门每年制定详细计划，定期或不定期进行重点评估，对问题企业给予停业整顿，同时积极利用现代信息技术，提高信息搜集的客观性、准确性，保证管理决策的透明有效；质量安全标准机制要求在分析的基础上，将现有的各类标准进行有机整合，制定统一的食品安全等级，为执法部门提供指导以确保国内和进出口食品的安全卫生，为食品生产者提供依据以使他们在市场中公平竞争，为消费者提供便利以了解日常所食是否安全，并尽快提升标准等级，努力做到与国际接轨，为解决贸易争端提供保障。

食品安全检测机制方面应加大对食品安检技术的研发力度，为提高检测水平奠定基础。同时，还要逐步建立多层级的安检体系，不断扩大检测范围，对食品进行系统全面的跟踪检测，保证消费者放心食用。

食品安全流通机制，一是要建立严格的市场准入制度，对食品生产经营企业的注册准入、认证许可等实行严格的登记和审批，建立不良档案，对达不到标准的企业给予否决；二是要建立食品信息可追溯制度，敦促企业自觉向社会公布产品信息，保证食品链的透明化和规范化。

食品安全信用机制要求必须建立起包括查询系统、评价系统和反馈系统等在内的质量信用体系，使政府在食品安全的信用管理、信用披露、信用奖惩等方面有充足把握。

作为一项事关社会安定和经济发展全局的系统工程，食品安全保障离不开民众食品安全素养和防范意识的提高。在解决食品安全问题的过程中，必须通过学校教育与社会教育的有机结合，大幅度提高民众的食品安全意识。一方面，在学校教育方面，应实行理论与实践相结合的教学模式。理论课程可在课堂内完成，主要向学生介绍各类食品的生产流程和贮存方法，食品安全标准的检索等内容；实践课程可以带领学生参观农产品生产与管理、食品生产环节，使学生对食品的形成直观深刻的了解，不断提升其鉴别能力和自我防范的能力。另一方面，在社会教育方面，应通过各种传媒途径，加强对民众食品安全知识的宣传和普及。其内容应包括两方面：其一是加强公众健康知识教育，引导消费者在消费过程中尽量选择正规的经营单位和正规标识的商品，自觉做到健康消费；其二是强化对食品生产商和经销商生产和销售的质量意识、管理知识和道德责任意识教育，促其依照法律、法规组织生产和经营，切实履行法定的质量义务，从源头上控制、防止食品污染，为食品安全问题的切实解决奠定理念根基。

切实解决食品安全问题，仅靠政府一己之力是难以实现的，政府只是社会发展的舵手，其社会治理是宏观的。市场则具有自利性和信息不对称的缺陷，市场主体面对利润往往缺乏治理的积极动机。政府与市场的这种双重局限要求食品安全中社会监管力量的崛起。而在一盘散沙的社会结构中，个人力量是很弱小的，当其个人权益受到损害时，也无法引起人们的足够重视。因此，加强食品安全的社会监管，必须将个人组织起来，通过组织的渠道引导公民的行为，培育公民的责任意识，使公民主动参与到食品安全监管的活动中来。

近年来，我国食品监管领域内各类民间组织的兴起，为提升食品安全监管的社会力量奠定了根基。民间组织具有公益性、非盈利性等特征优势，契合了风险社会下食品安全监管的现实需要。一方面，其作为政府和社会信息沟通、对话、合作的桥梁和纽带，可以有效地协调政府和社会的关系，降低政府执法成本和政策制定的风险；另一方面，民间组织也可以直接参与食品安全监管公共产品的供给，由于它具有针对性强、成本低、效率高等优点，能够高效地满足社会的差异化需求，并和政府公共产品的供给形成竞争，有助于增加政府公共产品创新的动力和提高政府公共产品的质量。因此，当前在食品安全监管的过程中，必须大力促进民间组织的崛起、培育食品安全监管的社会力量，发挥其对食品安全的社会监督作用。

食品安全领域的危机事件是可怕的，但更可怕的是危机来了却无法做到妥善应对，或者行动滞后。相关部门的疏忽可能导致民众极大的恐慌，政府对局势的管理不力可能造成严重的社会危机。因此应对危机，必须能够有较为完备的应急预案，各级政府职能部门应当组建食品危机管理小组，由行业专家、政府官员、检验顾问等平常受过专门培训的精干力量组成应急机构，救治、防治、监管、保障、宣传、外事等应对措施齐全。在危机发生时反应迅速，及时用科学专业语言向媒体与公众进行权威性的通报，第一时间、第一条信息发布至关重要，既要准确地通知事件的根源与进展，更要宣布应对方案与对策。在传播与解释信息时，必须做出谨慎而准确地判断，必须在公众知情权与避免过度渲染事件信息需要之间进行权衡。在为新闻媒体提供信息时，应当通过认真准备的公开陈述、真实地报告数据及通过反复核对，确保报告人真正理解传达的信息，一定要与媒体保持密切联系与沟通，避免一些媒体的传播信息失真。不断细化与完善快速应急体系，才能有效地保障社会秩序正常运行，才能最终逐步改变长期以来我们在食品安全问题处理上的被动局面，还消费者以信心。

食品安全风险防范是一项关系国计民生的复杂的系统社会工程，必须做好从法制、体制、机制、运行、应急等各个层面，从生产、流通到消费的各个环节的风险防范工作，营造全社会共同关注、共同参与食品安全风险防范的良好氛围，确保广大人民群众的生命安全和身体健康不受侵害，实现经济发展和社会稳定。

4. 什么是食品卫生监督量化分级管理制度？其主要内容是什么？

我国正在推行的食品卫生监督量化分级管理制度是对我国食品卫生监管理念的一次更新和一项重大的制度改革。

（1）食品卫生量化分级管理模式出台的背景

近年来，世界卫生组织提出了"责任分担"食品卫生安全理念，强调了保证食品卫生安全需要政府、企业和消费者的共同参与，并认为企业自率是保证食品卫生安全的根本措施之一。并进一步明确食品生产经营单位是食品卫生的第一责任人。

2002 年卫生部根据"责任分担"理念，出台了食品卫生监督量化分级管理制度，意在按照公平、透明、效率的原则，建立的一套有利于保证食品卫生安全的体系。量化分级管理正是强化了企业的责任，它运用危险性评估原则（确定有关食品的潜在风险，采取有效措施加以预防或把风险减到最低）对企业进行分级和信誉度分级，分 A、B、C、D 四个等级，按等级进行分类监管，并对有关卫生水平情况进行公示。

（2）食品卫生量化分级管理制度的主要内容

①按食品生产经营单位的风险性水平和信誉度确定监管重点。企业风险性水平和信誉度决定食品卫生水平，分级管理充分考虑了企业自身的因素，对达到良好等级的企业实行以自身管理为主的方式，卫生行政部门将集中卫生监督资源，把监管的重点放在存在问题较多的食品生产经营单位。

②对监督项目进行量化，加强关键环节的重点控制。监督量化是在原有监督项目的基础上，对监督事项进行量化监督项目，做出降级处理的生产经营单位要限期改进，其生产、质量负责人应重新参加岗位的卫生知识培训。

观点和声音

持之以恒防范食品安全问题

食品安全风险防范体系亟待构建

构筑食品安全和风险防范的严密防线

陈君石院士：食品安全没有零风险　其实咱们吃得还不错

深度阅读

《食品安全风险分析》，联合国粮食及农业组织和世界卫生组织，樊永祥，译，2008

相关链接

中国政府网：国家食品安全风险评估中心成立

http://www.gov.cn/jrzg/2011-10/13/content_1968788.htm

新华网：中国已建食品安全风险监测网络各级监测点560余个

http://news.xinhuanet.com/politics/2011-02/04/c_121050353.htm